U0149442

给青年建筑师的信

汉宝德　著

生活·讀書·新知 三联书店

本书中文简体字版由联经出版事业公司授权出版。

图书在版编目（CIP）数据

给青年建筑师的信／汉宝德著．—北京：生活·读书·新知三联书店，
2020.6
（汉宝德作品系列）
ISBN 978 – 7 – 108 – 06790 – 6

Ⅰ．①给…　Ⅱ．①汉…　Ⅲ．①建筑学－文集　Ⅳ．① TU-53

中国版本图书馆 CIP 数据核字（2020）第 022351 号

责任编辑　崔　萌
责任校对　张国荣
装帧设计　薛　宇
责任印制　张雅丽
出版发行　**生活·讀書·新知** 三联书店
　　　　　（北京市东城区美术馆东街 22 号 100010）
网　　址　www.sdxjpc.com
图　　字　01-2018-6026
经　　销　新华书店
印　　刷　北京隆昌伟业印刷有限公司
版　　次　2020 年 6 月北京第 1 版
　　　　　2020 年 6 月北京第 1 次印刷
开　　本　880 毫米 × 1230 毫米　1/32　印张 4.625
字　　数　65 千字　图 18 幅
印　　数　0,001 – 5,000 册
定　　价　30.00 元
（印装查询：01064002715；邮购查询：01084010542）

三联版序

　　很高兴北京的三联书店决定要出版我的"作品系列"。按照编辑的计划，这个系列共包括了我过去四十多年间出版的十二本书。由于大陆的读者对我没有多少认识，所以她希望我在卷首写几句话，交代一些基本的资料。

　　我是一个喜欢写文章的建筑专业者与建筑学教授。说明事理与传播观念是我的兴趣所在，但文章不是我的专业。在过去半个世纪间，我以各种方式发表观点，有专书，也有报章、杂志的专栏，副刊的专题；出版了不少书，可是自己也弄不清楚有多少本。在大陆出版的简体版，有些我连封面都没有看到，也没有十分介意。今天忽然有著名的出版社提出成套的出版计划，使我反省过去，未免太没有介意自己的写作了。

　　我虽称不上文人，却是关心社会的文化人，我的写作就是说明我对建筑及文化上的个人观点；而在这方面，我是很自豪的。因为在问题的思考上，我不会人云亦云，如果没有自己的观点，通常我不会落笔。

　　此次所选的十二本书，可以分为三类。前面的三本，属于学术性的著作，大抵都是读古人书得到的一些启发，再整理成篇，希望得到学术界的承认的。中间的六本属于传播性的著作，对象是关心建筑的一般知识分子与社会大众。我的写作生涯，大部分时间投入这一类著作中，在这里选出的是比较接近建筑专业的部分。最后的三本，除一本自传外，分别选了我自公职退休前后的两大兴趣所投注的文集。在退休前，我的休闲生活是古文物的品赏与收藏，退休后，则专注于国民美感素养的培育。这两类都出版了若干本专书。此处所选为其中较落实于生活的选集，有相当的代表性。不用说，这一类的读者是与建筑专业全无相关的。

这三类著作可以说明我一生努力的三个阶段。开始时是自学术的研究中掌握建筑与文化的关系；第二步是希望打破建筑专业的象牙塔，使建筑家为大众服务；第三步是希望提高一般民众的美感素养，使建筑专业者的价值观与社会大众的文化品味相契合。

感谢张静芳小姐的大力推动，解决了种种难题。希望这套书可以顺利出版，为大陆聪明的读者们所接受。

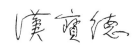

2013 年 4 月

目 录

建筑与梦想

老弟，你的建筑梦是什么？

要做什么梦都没有关系，

完全看你是不是有实现梦想的野心。

老弟：

　　收到你的来信，你说你斗胆写信给我——一个长你半个世纪的老人——想知道我抱着怎样的心情进入建筑界。因为你进建筑系几年，但对前景仍然感到一片茫然。

　　谢谢你写这封信，因为用信件来沟通思想已经是 20 世纪的办法了。我已经几年没有收到一封信。我的子女也不写信来。他们想起我来，就打电话聊天。诚然，通电话可互相听到声音，在情感上比较容易得到满足，但是却无法真正沟通思想，甚至也无法表达与发掘深度的感情。文字是人类发明的最有力量的工具，人与人之间不再以信件往来，在思想的互相启发上就贫乏得多了。因此，我很愿意也很高兴与你通信，回答你的问题。只是在电话与电脑的 e 时代，你有写信、读信的耐心吗？

　　老弟，你要读建筑，对前景没有信心，那是因为你在成长中对生命的困惑。这是很自然的。年轻人对于未来既有憧憬，又有困惑，好像一只学习独立生活的小动物，面对陌生的世界时的心情。你的困惑会使你学习思考，进而认识环境，养成判断的能力，使你成为一个有信心、有方向感的年轻人。比起今天一般沉湎于肤浅感觉的青年，你是大有前途的。我相信，不论科技如何进步，人类珍贵的资产还是睿智的思想。

你今天学建筑，老弟，比起几十年前我学建筑时要幸运得太多了。半个世纪前的台湾与今天的台湾在客观环境上的巨大差异，使你的困惑与我当年的困惑之间有天壤之别。回头想想，当年的我怎么混过来的，连我自己也感到稀奇了。

你的困惑是来自讯息过多。今天的台湾已经是讯息世界的一部分。你举目所见，可以看到各种各样的建筑，可以使一个有好奇心的人看得眼花缭乱。这样一个多样化的建筑世界，表示背后的力量是繁复而多元的。究竟这些建筑物是在哪种情形下产生的呢？它们为什么产生出这种模样的东西呢？这些建筑是好，还是坏？我们可以遽下断语吗？不仅眼前所见如此，走进图书馆甚至书店，你都可以看到丰富的出版物。漂亮的印刷品呈现出世界上著名的建筑师的作品。你以学习的心情来阅读名家的作品，又是敬佩，又是感叹。像你这样喜欢思考的青年，一定会不期然地把自己的未来与他们的成就相对比。你前面的路子这么多，怎么会不为前景感到困惑呢？

半个世纪前，我没有你这样幸运，可是回想起来，我们那一代比你们要幸福得多。就从我求学的经验说起吧！

在那个时候，讯息非常贫乏，思绪非常单纯。如有一比，我们是坐井观天。固然眼光狭窄，可是谈到未来，大家都只有一个方向，那就是小小的一片天。由于对广大的花花世界一无所知，才没有三心二意，就朝上用力地爬。今天看来，当时的我是一个傻子，但是傻子有傻子的福分。

比如我进建筑系，可不是因为兴趣使然。

以我的个性与兴趣，我应该念历史或哲学。如果是今天，我也许会学管理。但是当时纯粹因为家境贫寒，要念毕业后可以找到工作的科系，也就是要靠技术吃饭。我不得不读工程，才选了最容易读的建筑工程。谁知道考进建筑系才知道它不是什么工程。我是瞎打误闯进来的。既进来就只好勇往直前了。

过去读建筑系先要学会画图的功夫。你们今天使用电脑做的一切，我们当年都要用基本训练的功夫来完成。进到一年级先要学着使用铅笔及鸭嘴笔，学着在图板上裱纸。铅笔要学吗？要，因为线条粗细要均匀，就要学会磨铅笔芯，比着丁字尺、三角板画线条，用力要适当控制。这要技术，要长时间地练习，还要耐心，才能画出一张明晰而又漂亮的建筑图来。你也许要问：建筑图是不是漂亮，与建筑物有什么关系？

这就是我当年问的问题。我也是思想型的人，对于磨炼技巧没有耐心，觉得画漂亮的建筑图是生命的浪费。可是今天回头看当年的训练方式，知道绘图的磨炼，除了是技巧之外，正是使青年建筑师具备工作中所必要的耐心与美感。如果你在图面上要求完美的品质，才能在建筑的构造细节上要求完美的品质，这是需要高度的细心与耐心才能做到的。我没有学好绘图，所以终我一生的建筑事业，我的兴趣都不在构造的美感上。

除了画图就是徒手画，所谓徒手画就是用铅笔或炭笔写生。写生在表面上看是美术课，为什么成为建筑学的必修课？我也想不通。我在中学时很喜欢画，可是没有天赋，总画不好。到了建筑系，当然也不出色。自徒手画的课堂上，知道绘画是建筑的基础，所以建筑是艺术。当时的建筑系为建筑工程系，进来的时候不知道是学艺术。一年级的学科大多是微积分、物理。建筑系的教授们也没有对我们提过学建筑应该有艺术素养。绘画好像是聊备一格。美术教授在课堂上宣扬的画法，在整个建筑系都没有什么回响。后来我知道，这是西洋流传了数百年的建筑教学法，因为许久前建筑学家与画家是相通的。后来德国人把它转为工程，在习惯上仍改不了老办法。

今天我知道写生画的教学一方面是训练学生的观察力，自写生中了解物之形状及部分与全体之间的有机关系；另一方面则是学习对形状加以分析，知道立体与面、线的关系。

可是老师不会告诉你这些，只是让你画，养成随时动手画的习惯及自我批评的能力。这是一种自经验中体会的学习法，做学生的，坐井观天，只要老老实实照老师教的用功就好了，与古代读书人背诵经书一样。

老弟，你们今天学建筑就不同了。你们是先知道为什么或喜欢什么，才学什么。首先你们学建筑就是因为知道建筑，喜欢建筑，才来学的。学校通常会有课程说明，每门课开设的目的，希望你学到什么，都有提示。你们是先知其所以然再学习。今天已经不用丁字尺和三角板画图了。电脑会听你的指令。你们只要知道怎么指挥电脑，不但不用画图，也不用学着写工程字。真是太方便了！过去的绘图训练中，有透视法、阴影法，必须学会用器具或徒手画出透视图。这样才能使自己或业主判断是否满意。今天都有电脑代劳了。过去一切要手脑联合反应才能完成的工作，今天你们都只需要自己对着电脑屏幕，手指按着键盘，就有机器为你做出来。你有很多时间可以自由思考，但也可能陷入电脑游戏之中。

我们的时代怕的是"学而不思"，老弟，你们今天的问题是"思而不学"。孔子说，学而不思则罔，思而不学则殆。罔，就是没有用。所以过去求学要自己用功、消化，所学才成为有用的知识。那时候的学生，不喜欢动脑筋的，大多只是学些技术，对于建筑，仍然一无所知。学了白学，确实是虚掷光阴了。可是今天的学生，很容易只用心思，在建筑上没学什么技巧。殆，是没本事。只说不练，或浮夸不实。因此，在我们的时代，要学习动脑筋，在今天，要学习动手。

老弟，如果你有前景茫然之感，我建议你离开电脑桌子，暂时忘掉网络，学着动动手。学建筑的人动手，除了画图、画画之外，还可以做模型，或做雕刻。在 e 时代来临之前，建筑教育的方法可分为两个阶段。自文艺复兴到 20 世纪初，是以艺术教育为方法的。动手就是画图、画画，培养艺术家气质与建筑职业的技术。自 20 世纪 20 年代包豪斯（Bauhaus）创建以来，到 90 年代，是以设计为方法的。动手就是以手脑并用的造型练习为主。这时候，强调观察的结果，但要画出来，做出来。一边思想，一边也可以得到创造的乐趣。自从建筑作业电脑化以来，这一些动手的机会也消失了。学着利用电脑，动手就是按键盘，按鼠标。把脑筋交给硬件与软件的工程师了。

动手可以锻炼头脑灵活，而且可以充实你的生活。即使不为建筑着想，也可以寻回自我。我建议你，如果正课之中没有动手机会，在课堂之外，按自己的兴趣，每周花几个小时，画些东西，做些手工。如果你想不出什么，我劝你学着写毛笔字。中国书法是手脑并用的艺术。

老弟，在我求学的时候，台南工学院的建筑系是很简陋的，教授的学养也不高。可是回想起来，这样的学习环境，对于有野心的学生也许是很好的环境！

我举个例子吧！建筑系二年级开始有设计课，老师依惯例出一个住宅设计的题目。住宅是最普通的建筑，几乎人人都有自己的住宅经验。可是问题在于当时的经济环境中，有不少同学，包括我在内，并没有今天你们所熟悉的居住经验。教授先生出了题目，习惯上并没有社会、文化上的分析解说，就"放牛吃草"，随便我们构想。可是到他们改图的时候，却以美国的住宅为标准评断。

想想看，一个住眷村的孩子，习惯了全家挤一个房间，用公共厕所，在院子里生火烧饭，端着饭碗用餐，怎么去设计一个美国式的住宅？记得在当时，来自香港的学生很容易就画出一个使老师可以接受，甚至赞美的设计图。而我这样的乡巴佬学生却要努力设想，把厕所放在卧室旁边，把厨房放在客厅旁边。其实我连客厅里的沙发都没有用过呢！我去过有钱的同学家里，他们住的是日式房子，也无法参考。我还记得在他家的客厅里放着一台冰箱、一架钢琴呢！我根本不知道现代中产阶级的生活方式，怎么为他们设想居住空间呢？

老弟，你们今天设计一个住宅可容易了。你自己的家就是一个范本。也许你家还有一栋别墅，那就更有参考价值了。可是正因为太容易，反而使你不知所措。要学，还不知怎么学起呢！

我就不同了。为了自力救济，我开始翻外国杂志。我翻的不是正式的建筑杂志，正式的建筑刊物怎么会介绍住宅？我看的是美国的家居杂志，就是在超级市场可以买到的那一种。那时候台湾的环境很闭塞，建筑系用清华基金订杂志，居然订了两份这类杂志。可是对我就有用了。从那些今天看了属于通俗的家居刊物上，我了解美国人怎么生活，他们的建筑怎么反映生活，满足生活。

我从美国刊物上看到美国西部中产阶级的新住宅，从文字说明中，知道是受了纽特拉（R. Neutra）的影响，因为常详细介绍他的作品。同时也知道，纽特拉的设计又受了弗兰克·赖特（Frank L. Wright）的影响。啊，我了解原来美国

罗威尔健康住宅，纽特拉设计

流水别墅，赖特设计

人的大师级的建筑师对于家的解释与注释是这样的！

这当然不能使我设计出台湾中产之家的理想住宅。但是以美国的住宅为研究对象，使我了解家是什么，住宅是什么。老弟，在这上面我下了很大的功夫。一方面，我的英文程度略高于同学，但看外国字要不断地查字典。看到重要的内容都要记下来。另外，我用笔记本徒手录下平面图，比较这些设计的异同，以及它们反映出的生活观。在当时，美国是一个遥不可及的地方，是梦中的天堂。这样学建筑是很不实际的，却因为这种笨办法，使我掌握了空间的尺度。虽然在老师的心目中，我的设计程度并不特别优越，我对设计却是很有把握的。

老弟，我替你们想，怎样把学习建筑学的动机提升，确实是一个问题。今天太多的年轻人，由于赚钱的方法就在眼前，而失掉了做梦的勇气。由于经济环境的改变，建筑不再那么神秘；在台湾也出现了数十层的摩天大楼，价值上亿的高级住宅。建筑真的只是一个赚钱的职业而已。建筑系的入学成绩因此也随着建筑业的盛衰而起伏。老实说，只为追逐利益而学建筑，是最愚蠢的人。因为房地产才真正赚钱，经营房地产不需要建筑学，那是商人的工作。

不知哪一位哲人开始鼓励青年做梦。实在太对了！青年的动力就是梦想。梦想不一定会达成，但它却是生命的发动机。它也许会把你推动到一个你未曾预计的天地中，但没有发动机就没有生命力，只能随波逐流了。

回想当年，在我们坐井观天的时代，那片蓝天就是我们的梦想，进入建筑系，美国的通俗建筑刊物里的天地，就是我们的梦中世界。今天看来十分好笑，可是那是一个单纯的、寻梦的时代；单纯到无所忧虑，目标明确。一个幼稚的梦也是梦，也有它的生命价值。

老弟，你的建筑梦是什么？是做一个世界著名的建筑师吗？是做一个为"无壳蜗牛"解决居住问题的建筑家吗？还是只为自己寻找生活的情趣？你要做什么梦都没有关系，完全看你是不是有实现梦想的野心。如果你只是想学习建筑可以增加生命中的趣味，看上去好像没有出息，其实那是通人的观念。把建筑看作生活才是正确的，当作职业，是很辛苦的。但是作为一个有思想、有志气的青年，我不反对你去做大建筑师。台湾最有名气的建筑师李祖原，自做学生的时候就想盖最大的建筑，在当时有谁相信他做得到？可是台北市的一〇一大楼落成了。世界最高大厦的名号就是他一生追求成果的实现呢！

空间思考的能力

一个真正的建筑师必须存在空间上思考的能力。建筑师的一生都在说空间的故事，如果没有在头脑中迅速空间化的天赋，从事建筑等于瞎子摸象，其困难可知。

老弟，昨天收到你的信，颇为感动。

你自认并不是一个会做梦的人，看了我的信，开始怀疑自己能不能做，或适不适合做建筑师。你有这种想法是很可贵的，因为当下的年轻人有自省精神的实在太少了。

反省自己是否适合做建筑，最好的办法是看自己有没有兴趣。如果你进建筑系确实是因为对盖房子这件事有浓厚的兴趣，其他就不必问了。因为简单地说，无中生有，盖栋房子就是你的梦。在外国的建筑界，这类人是很多的。只是在台湾，或可以说在中国文化影响圈内的东方国家及地区，孩子们在这方面的兴趣通常在很年幼时就被扼杀了。

你知道吗？盖房子是人类的本能。鸟筑巢，兽营窝，是求生之必要。上帝创造了生物，同时赋予它们生存的基本能力，是不教而会，不学而能的。人类原是动物，当然有这种本能。与食、色一样，这些求生的本能到了人类社会就变成欲望，形成文明发展的动力。进入文明社会，经过人文化的过程，都成为社会的冠冕了。

可是在骨子里，本能就是本能。这就是为什么大部分的业主对建筑的兴趣都很浓厚的基本原因。然而真正有筑巢动机的人是不会满足假手别人的。美国西岸有些建筑师，根本没有做业务的打算。他们在住宅区里逛，专找不容易建造的基地，或者是山坡，或者是边角地块，不易使用的，所以价钱便宜。他们发挥创造的才能，化劣势为优点，筑一个自己满意的巢。建好了，就会有觅巢的人来参观，大多重金买去。他们因此可以继续不断地进行筑巢活动，而生活得很轻松愉快。

可惜这种情形只能发生在美国西部。它必须具备两个条件：其一，独户住宅为主要的生活方式；其二，住宅设计与建造不必建筑师去执行，设计者不必持有建筑师执照。美国是自由世界，可以让人类的筑巢本能充分发挥。在其他国家，甚至美国东部就不容易了。即使如此，在美国仍然有不少青年愿意接受正规职业的束缚，投身到建筑师的行列。要知道，美国的建筑工作者在事务所服务，待遇是很有限的，远低于工程师，更不用说高科技人员了。

老弟，台湾在十几年前，大学建筑系不多，曾经一度成为大学中最热门的学科。记得有两三年几乎超过了工学院的电机、机械，入门成绩仅次于医学院。在当时，真使我不敢相信。可是最近几年，我注意一下大学放榜的成绩，建筑系已经落回到工学院的后段了。这反映的是台湾建筑业的盛衰。在十几年前，建筑业一枝独秀，是成功者最容易走的路，自然误导世人的想法，以为学建筑最有前途。如今建筑业衰退，经营房地产的企业一败涂地，建筑系就成为考生不得已的选择了。这说明了台湾的年轻人极少以兴趣来选择科系，对于建筑这一行来说，是很让人惋惜的。

为什么这样说呢？因为建筑界实在需要一些真正热爱建筑、以盖房子为梦想的人。而对建筑环境最大的损害，就是建筑界一群为赚钱而工作的从业者。对建筑系抱梦想，又没有兴趣的人，就一定不可能对空间有敏感的体味，当然绝对不可能在建筑上有什么感人的成就。

我没有责怪年轻人的意思。实在因为中国人的社会太现实了。在孩子中有一定的比例是适合学建筑，会对筑巢有兴趣的，可是他们的父母从小就逼他们上补习班，考上明星中学、大学，使他们对自己的性向强行压制因而麻木了。他们已不知自己的兴趣所在。而建筑界又弥漫着一股浓厚的商业气息，台湾的建筑环境因而缺乏诗情画意，使得拥有建筑天赋的孩子得不到任何启发。何况即使他们学了建筑也极少有发挥才能的机会。上焉者，考取建筑师执照，有幸得到有钱人赞助，忙着建一些房屋，赚取辛苦钱；下焉者，在建筑师事务所里工作一生，伏在图板上或对着电脑为老板卖力，却得不到表现的机会。没有活泼兴奋的建筑工作者，怎会使下一代的学生得到鼓励，兴高采烈地期待进入这一行呢？

老弟，建筑需要特别的性向，才能有压抑不住的兴趣。在我个人的求学与教书的经验中，知道这是一种特殊的才能。人类的智力有很多种，比较常见的是我们所说的聪明。聪明的人理解力强，记忆力好，而且遇事有追根到底的精神。这类人在学校里是好学生，样样功课都很好。通常读书非常用功，考试轻松过关。这类好学生都考到台大去了，他们要学医科或理科。在建筑系只偶尔看到一两位，他们对系里的功课通常觉得无书可读。对画图没有兴趣，如果没有转学出去，勉强读到毕业，出国后也转行了，转到理工科，大多颇有发展。

学建筑是否需要过人的智力呢？并不需要。我们需要中等以上的理解力。因为太聪明的人容易对事物向深处钻研，投身于科学或其他学术之中。我们必须有足够的理解力，但我们的任务是为解决人间问题而创新，需要的条件是与学术研究不甚相同的。

聪明的人对事理穷追不舍，他的思考模式是垂直的。达到目的的方法常常是排除人间关系的影响。学建筑或设计的人需要一种偏才，他习惯于横向思考。从创造心理学上说，一切发明都需要横向思考，可是设计家则生存在横向思路上面。他是属于鬼灵精的一类。

何谓横向思考？就是扯关系。举例来说吧！建一座楼房要安全，建筑师必须懂得结构的知识。可是学建筑的人没有钻研结构力学的脑筋。他们在大学课程中都学过微积分，学过静力学，学过结构学，在我读书的时候，甚至有钢筋混凝土与钢骨的课程。但是学好这些课的人都做工程师去了。真正喜欢建筑的人，总学不好结构。以他们的聪明程度，结构力学并不真难，可是他们大多不专心，不愿在数字上用太多心。他们算出来的数字总不精确，因此结构方面的成绩只是勉强过关。他们不是笨，只是心多旁骛，不能集中精神去计算而已。

胡思乱想，就是横向思考。建筑师看结构学为一种手段，而不是目的。所以他想到结构的时候，不能不先想到哪种结构比较适合他在构想中的建筑。是砌墙壁，还是用柱梁呢？用钢好，还是用钢筋水泥好？甚至像东海教堂一样用薄壳如何呢？他根本无心想到怎么计算，在他心中晃来晃去的，是找一种与建筑的功能、象征与造型都匹配的结构系统！动这种脑筋的人怎么能学好结构计算？所以计算的工作就交给结构工程师了。

所以你看，横向思考不是没有深度，而是另外一种深度，与精深的学术完全不同。需要横向思考的行业都是重组织的行业。这种人天生有一种把很多不相干的东西组织起来，形成有意义的组合的能力。他们喜欢创造性工作，因为建筑与设计的工作每天都在动脑筋解决设计上的问题，也就是都在创造新的关系，寻求新的意义。

因此学建筑的人不喜欢萧规曹随，不愿意做重复而熟悉的工作。也许在外表上看起来老老实实，在骨子里他们是有叛逆性的。他们不满现实，追求不确定的未来。如果他们搞政治，很容易闹革命。心地太老实，做事守规矩的人也可以做建筑，但他们不可能在建筑上有什么成就，也不会感到生命的真情，那就只是一件谋生的工作了。建筑界也需要这种老实人，他们在事务所里负责实务，只有他们才能画出合乎施工要求的图样，在工程上不出问题，准备好完备的施工说明书，详细解释图样的问题。没有他们，建筑是做不出来的，他们是大建筑师的幕后功臣。

社会上的各行各业都需要这样安分守己、默默工作、对自己的任务勇于承担而无所失误的人。这好比飞机的机械师，使飞行员登上飞机无后顾之忧。飞行员战胜归来，没有人记得机械师的辛劳。所以我不能说这样只会认真读书的老实人不应该学建筑，可是这样的人应该到科技大学去学营造与管理，以不同的方式进入建筑界。他们可以帮建筑师的忙，也可以到营造厂工作。这就是为什么科技大学的营建工程不同于建筑。可惜的是，大家一窝蜂想学建筑，科技系统的营造专业没有建立起来，建筑系倒是增加了不少。谁明白当年在台湾技术学院设营建系的苦心呢？

老弟，像你这样会为自己的未来感到迷茫的人，绝对不会是营造管理的人才。你应该具备"改变现状"的性格。因此我要说一说建筑师所必要的另一个偏才，那就是对空间的敏感度。

人类有一种特殊的才能，就是关于空间感受、记忆与想象的能力。在他们的亲友中有些人比较有空间观念，开车时方向感清楚，好像有一张地图记录了一切行车的经验。也有些人完全无空间观念，不论走多少次，总是方向不辨。这说明了有人富于空间感，有人则无。同样，大家一起去旅行，回家后，有些人对建筑环境记得非常清楚，有些人则一片茫然。如果你是属于后一类人，要学建筑是很辛苦的，因为建筑是一个构想空间的行业。

要注意的是，没有这种才能，仍然可能是天才。比如学数学，没有空间感，大概不可能在几何学上有所发明，但仍有广大的领域可以发挥。有些文学家在人性的揣摩上极为细腻，在感情的描述上极为动人，但整篇文章都看不出空间的感觉。中国古典小说中的《水浒传》就是很好的例子。我们只知道梁山泊在山东，但书中一点也没有空间的描写，只觉得一百零八条好汉，个个侠义感人，却无法把他们放在一个空间的架构中。梁山泊的好汉为救宋江，到江州去劫法场。江州就是今天的江西九江，梁山泊在山东，中间隔了江苏、安徽两省。其间的消息如何传递，梁山泊的人马要走多久才能到达，劫人后如何逃脱官兵的拦截，老实说，在我脑海里都是些问号。

《红楼梦》的作者就多些空间观念。他描写一个大家族的故事，虽无意写建筑与空间，但在不经意间，荣、宁二府的一些空间可以按照故事发生的地点而重建起来。我有一位学生写毕业论文，甚至把大观园的那么多建筑与山水景致重建起来。复原的结果虽不无争议，但没有文中的空间暗示，这一点是做不到的。有趣的是，大多数读者并不介意作者描述的大观园是否在空间上合理存在。因为一个虚构的故事，作者有凭空虚构的权利，似乎是不必追究的。

一个真正的建筑师就必须存在空间上思考的能力。建筑师的一生都在说空间的故事，如果没有在头脑中迅速空间化的天赋，从事建筑等于瞎子摸象，其困难可知。

成功的建筑师是否都有同样的空间概念的天赋呢？那倒不一定。因为建筑有一个外形，自外面看去，它是一个雕刻体，又可以附着其他的艺术品，所以社会大众不一定把它看成空间，反而以视建筑为纪念物者为多。社会上重视建筑的造型，轻视空间的感受，就是因为大家多半对空间反应迟钝。所以一位专走外形的建筑师，虽然是很差劲的空间构想家，却也可能为大众接受。近年来为大家视为奇才的建筑师，弗兰克·盖瑞（Frank Gehry），就是一个以奇形怪状成名的例子。他的毕尔巴鄂美术馆的内部空间非常平凡。可是早一辈的建筑师，如弗兰克·赖特，就以创造内部空间经验为主要的目的。其间的是是非非，让我们以后再讨论吧！

在这里我要说明的是，构想空间的能力与建筑是否成功的机会并没有绝对的关系，但建筑师至少要拥有起码的空间感，才可能从事这一行业。可是要发生浓厚的兴趣，必须有以空间说故事的能力。

为什么建筑是用空间说故事呢？因为空间是为人居住而构成的。鸟兽筑巢、营窝，是为了睡觉的安全，或扶养后代的安全。可是人的生活要复杂得多。我们设计一个建筑，就是提供一些空间为人所使用。你怎么构想这些空间

赖特为雅各布夫妇设计的第二套房子"太阳能半圆"

"太阳能半圆"极
富特色的局部设计

呢？事实上你是在虚构一个故事。以一个住宅来说吧。你要设计一座完全不同的住宅，实际上是要为这个家庭的主人、主妇以及他们的子女，构想一种生活。如果你为他们建造了一个壁炉，壁炉的前面是舒服的起居空间，是在构想他们全家围炉夜话的故事。如果你为他们建造了有天光的卧室，天光的下面是床，是在构想躺在床上看星星的浪漫故事。如果没有这些故事，建一座住宅，只是庸俗地显现主人的财富而已，找个匠人做就好了，何必需要有文化修养的建筑师呢？

这就是为什么，一个想学建筑的人，除了喜欢横向思考，又有空间的想象力，还要有一些诗人的气质。

老弟，我说到这里，你感到兴奋还是颓丧？你感觉到有筑巢的本能吗？你拥有我所说的这些特质吗？也许你受了中学六年的填鸭教育，一时无法了解自己。不用慌，等你在学校里做完几个设计的习题，就可以慢慢了解自己了。读你的来信，知道你是很敏感的人，相信你会找到在建筑事业中的适当位置。然而如果你发现自己真正缺乏我所说的这些特质，我建议你早一点离开建筑，去做一个尽责的

工程师，甚至一个愉快的小说家。当然，你也可以勉强把
建筑学完，学了建筑，虽不一定成事业，却可以帮助你了
解生活吧！

建筑与艺术之间

年轻的朋友，如果你满足于在现实的建筑世界里，为人生创造美的心灵环境，那么建筑世界还是很广阔的。建筑师原本就是美感安全空间的创造者。

老弟，自国外回来，心情尚未安顿，看到你的来信，非常高兴。你自认是一个可以空间思考的人，那就是可以驰骋于建筑天地间的骑士了。恭喜你。当然了，拥有这种性向，并不表示你会自然成为优秀的建筑师，你只是具备了必要的条件而已。你问我，建筑师是否一定是艺术家，不错，成功的建筑师一定是第一流的艺术家。至于怎样使自己成为艺术家，问题就比较不容易回答了。让我慢慢道来。我国的传统，建筑与艺术是不相干的，盖房子的人是工匠，他们掌握的是历代相传下来的技术。至于房子的规划，如几间、几进，那是看业主的财力；怎么配置，则要看匠师的口诀。所以盖房子与知识分子无涉。不论盖得多富丽堂皇，都与艺术扯不上边。因为艺术是指琴棋书画，是上流社会的消闲方法，代表的是高雅的风采。用今天的话来说，琴棋书画是高级艺术（high arts），而建筑充其量是民俗艺术（folk art）。

高级艺术与民俗艺术的差别在哪里？后者是一脉相承、萧规曹随的。跟着师傅学会了，就不断地重复使用，以维生计。为什么过去的建筑看上去大同小异呢？因为都是由师傅传承的，有些聪明的学生也会有些改进，但那是在技术面上，演变非常缓慢。清朝近三百年，清初与清末的建筑要专家才能分辨出来。这种建筑有什么好处？由于传统社会的生活方式与价值观是代代相传，极少改变的，因此建筑的固定模式与生活方式配合得恰到好处。好像一双穿旧了的鞋子，是很合脚的。所以古代不论多大的官，很少干涉匠师的设计。

高级艺术也有师承，却有较大的自由度。做弟子的总以摆脱师傅的风格为最高的目标。这是因为高级艺术不是为物质生活而创造的，它要求精神上的满足。以书画来说吧，它并没有实际的用途，只是为了开拓心灵世界而已，所以艺术家重视自己个性的表达。中国古代书画家为数甚多，我们今天熟知的大多是有个性，因此其作品有突破性贡献的艺术家。他们把建筑师看作匠人，他们自己则是文人之属，说起来是有道理的。

外国人又如何呢？

古代的希腊与罗马与我国没有太大的差别，建筑原也是匠师的产物。到了公元前5世纪，雅典确定有了建筑师。

何谓建筑师？就是有名有姓的匠师。可是匠师而能留名留姓是建筑发展史很重要的一步，因为我国几千年的文化却始终没有走上这一步。

既然有名有姓，就表示这位匠师不同于他人，也就是不完全按照约定俗成的规矩做事，而有自己的风格。换句话说，他已有了艺术家的风骨。那么古希腊的建筑师真正有挥洒的空间吗？今天看来并不多。帕特农神庙与普通神庙并没有太多的区别。这两位建筑师似乎比一般匠师拥有

伊瑞克提翁神庙

罗马万神庙

更敏感的审美判断力，或者是对美学有特别的素养。

　　在古典的时代，艺术的目的就是创造美感，因此能掌握到美，就是不折不扣的艺术家了。也许就是因为自古希腊以来建筑师就受到某种尊重，才会产生城市中不同的建筑类型。比起中国只有一种通用的建筑类型来，他们的建筑文化要丰富得多了。在雅典的伊瑞克提翁神庙，在罗马的万神庙，都是匠心独运、独一无二的创造，建筑师自匠人上升到艺术家的地位，应是没有疑问的。反过来说，西洋史上的建筑家的地位，是先代的这些伟人自美学的素养到创造的想象力，一步一步争取得来的。到了文艺复兴时期，建筑家的地位就很稳固地成为艺术家族中的重要成员了。艺术家别于匠人或今天的工程师，正是有以上所说的两个特点，其一是审美的素养，其二是创造力。拥有美的素养是起码的条件。也就是说，艺术家首先要有点石成金的能力，就是赋予物质以精神的价值，也就是审美价值。艺术家，不论是哪一类的艺术家，把平凡的东西变为高贵，就是靠这种能力。一座建筑，原本只是供人居住的工具，可以蔽风雨、蓄妻子，就达到了其目的。可是到了建筑艺术家的手里，它不但能达到此一目的，而且可以变成赏心悦目的艺术品，并不需要多花成本。

这才是真本事。一般人认为建筑师是工程师，只要把房子盖起来就算尽到责任，至于美观，则是装修师的工作。有钱人舍不得在建筑上花钱，却舍得在装修上花钱，就是因为他们很重视美观。他们认为装修与穿戴一样，要美观无非是穿金戴银，要有好的材料，精细的做工。诚然，这是通俗的看法。可是建筑艺术家虽不否认贵重的材料与精巧的手工有相当的价值，但与真正的美感是不相同的。而真正的美与成本没有必然的关系。

审美的素养是一种眼光，能敏感地辨别美丑，作为艺术家首先就要养成这样的眼光。以前我有一个朋友喜欢玩石头。他常常到山野中旅游，在山谷中拣石头，拣到喜欢的，像宝贝一样在家里陈列起来。这些别人不屑一顾的顽石，他却视为至宝，认为这是大自然的创作。他拣的石头与一般玩石者不同，一不需要特别的花纹，二不需要呈现像动物、人物或风景的花纹，只是看石块的造型与质感。因此，他所拣的石头既无物质的价值，也无奇形怪状引人注意，而是以纯粹的美感为标准。这就需要特别的眼光。就是这种眼光把人类的文化提升到精神的领域。

创造力不同于审美素养，是一种活力，一种生命力。就好像生物都要孕育下一代一样，艺术家都有创造的冲动，要创造出有别于前代的生命力。西方文明到了文艺复兴，建筑落到艺术家手里，才有建筑师这一行。米开朗琪罗是身兼绘画、雕刻与建筑的旷世大师，他的建筑设计开后世巴洛克建筑之先河。其实文艺复兴时代有很多建筑大师，他们都有创见，他们都有创造的冲动，也有作品留传至今。即使是达·芬奇，也有不少建筑设计的草图留传下来，然而米开朗琪罗自由运用古典元素于建筑设计中，使建筑师有了创造力发挥的空间，才真正开启了建筑艺术的新天地。巴洛克建筑虽然为古典主义理论家所不齿，却是创造建筑的先锋。

所谓创造，就是发挥想象力，在空间与造型上别出心裁，发前人之所未发。古希腊的神庙每座都是一样的造型，与中国古代的庙宇一样，它的要点是美感。同样的造型出自不同建筑家之手，其美感大有差别。可是建筑家没有打算去改变建筑的空间与造型。16 世纪以后的欧洲就不同了，建筑师尽量设计新形式，虽然在今天看来，想象力仍然有限，但却为今天的建筑观开辟了新途径。今天的建筑师已经是处心积虑地创造新形式了。也可以说，过去西方几百年建筑史，就是追求自由表现的历史吧！

所以，为了厘清建筑与艺术的关系，你不妨把建筑师分为两类。一类是为服务社会的工程师，一类是表现派的艺术家。这两类建筑师都是社会所需要的。只是为了社会建造大量房屋的需要，第一类建筑师的需要量比较大，这就是为什么举目看去，城市里成千上万的建筑物与艺术扯不上边的原因。在社会大众的眼里，建筑也许代表财富，却不是什么艺术。他们顶多用壮丽、雄伟等字眼来描写他们看上去顺眼的建筑，最重要的还是实用。

那么第一类的建筑师就与艺术无缘了吗？

不是的。我们不妨说，大部分的建筑师是具有审美素养的工程师。他们是正牌的建筑师，因为自古以来就是如此。今天大部分的建筑师不具备审美素养，又没有足够的工程知识，实在是很可悲的，是建筑教育的失败。他们只能被称为建筑匠，有违建筑师之名。真正的建筑师应拥有足够的工程知识，而重要的是审美素养。也就是说，他除了能为业主建造一个安全又舒适的住所之外，还要使它具有美感。美感是建筑必要的条件。在英文中，建筑物（building）是工程的产物，建筑（architecture）是有美感价值的建筑物。所以一个称职的第一类建筑师，也可以称得上艺术家。

第二类建筑师是以创造为务的人，他们是天生的艺术家。创造就是要改变现状。在 20 世纪之前，这类建筑师都是创造划时代标志的艺术家与工程师。比如古罗马的万神庙，罗马帝国的圣索菲亚大教堂，中世纪的夏特大教堂，或文艺复兴初期的宫殿。这类建筑为数是很少的。即使是巴洛克时代，建筑的花样翻新，整体说来，也是因袭传统，缓慢演变的情形较多。到了 20 世纪，创新成为新建筑的精神，可是仍然要遵守"安全、适用、美观"的原则，创新是在理性的范围内进行的。除了在 20 年代有一段表现主义的风气之外，只能算是比较灵活的第一类建筑师。

这实在是因为建筑本身的功能需求与结构安全的条件占有很重要的地位，建筑师所掌握的自由度仍极为有限的缘故。建筑师要想有表现的自由，必须满足两个条件，第一是建筑的主人在内部的需求上并不严格，几乎完全听从建筑师的建议。第二是建筑师掌握了充分的结构工程的知识，因此想到的都能做到。也就是说要有极开明而又不在乎花钱的业主，又要有足够的技术方面的配合。

可想而知，在 20 世纪之前这些条件全部满足是不可能的。尤其是技术的条件。不论在砖石等材料上与工程技术上，西方建筑已经发展到极致了，要创新非常困难。所以19世纪在思想上的自由只能表现在自由使用各个时代的样式上，没有办法有所创新。直到19世纪中叶以后才有铁造的建筑出现。最具标志性的作品就是埃菲尔铁塔。如果在建筑材料与结构上没有创新的能力，如巴洛克时代，虽有创新的精神，也只能在表面的装饰上下功夫。所以巴洛克建筑就是富于装饰的建筑，一度不为西方建筑师视为正规的建筑作品。

前面已经约略提到，在满足这两个条件之后，还要建筑的主人极为富有。建筑是极昂贵的艺术，古代的帝王常有因醉心于建筑而亡国的事例，是劳民伤财的大动作。一般民间财力有限，所以建筑乏善可陈。为什么历史上留下来的以宗教建筑为多？是因为宗教大多有国家的支持，而且宗教又得到广大民众的捐输之故。

当然了，一切堂皇富丽的建筑都要很大的花费。清代的宫殿谈不上创造，但也耗费巨万，为国力所难以负担。

可是创新性的建筑有时花费特别大，与它的技术实验性有关。

谈到这里，你已经知道，想做一个样样推陈出新的建筑师有多困难了。除了你本身的条件，也就是创造性的才能之外，还要有足够的技术，充分的业主授权，几乎用不完的金钱。哪一位天才建筑师能有这么好的运气，遇上这样完美的机会呢？所以有创造能力的建筑师大多感到怀才不遇，反而成为最愤世嫉俗的一群。不过几乎可以肯定，他们之中一旦有人成功，就是时代标志的创造者。

　　话说回来，建筑的创造性，自十五六世纪发端，成为有意识的追求目标，一直受限于前文所说的条件，只能做些表面文章。甚至到了20世纪的现代建筑，建筑师仍然自我约束在安全、舒适、美观的条件之中。严格地说，仍然甘为第一类建筑师，对于第二类如孟德尔逊之流的作品则视为异端。社会条件的真正解放，是在20世纪80年代，也就是后现代的观念产生之后。

　　年轻的朋友，你们降生在一个新的时代，充分自由的世纪，应该是极为值得庆幸的吧！你也许不知道，向前看去，已经是艺术挂帅的时代了。

　　这样的时代背景不是一天造成的。是西方文明发展了几个世纪的成果，只是到今天才逐渐成熟而已。未来的社会条件会逐渐接近理想的艺术发展环境。首先普及教育努力了一个世纪渐渐有了效果，民众的理性与感性的水准大幅提高，他们逐渐愿意，也有能力接受建筑艺术了。20世纪末的高科技的发展，为我们创造了前所未有的财富，也发明了过去梦想不到的新技术，艺术的建筑师可以大胆地以艺术家自居了。然而你仍然不要有过高的期盼。

最近开始，以电脑技术为工具，在公共建筑上尝试建筑艺术的创造，已经成为建筑师的新梦想，自从美国加州的盖瑞成功地完成西班牙毕尔巴鄂的古根海姆美术馆后，建筑的天地更加宽广了。全世界的国家都在想有一座炫人耳目的美术馆。可是这样的昂贵又甚不考虑功能的建筑并不代表建筑界，只代表建筑界中新贵族的一群。因为一个仍然贫穷饥饿的世界是不可能让每一位建筑师在造型上随意挥霍的。

所以年轻的朋友，建筑是艺术，但一切需要看你得到的自由度，分析你自己是哪一种建筑艺术家。如果你锐意做前卫的建筑艺术家，真要准备一生的努力，加上一大堆

西班牙毕尔巴鄂古根海姆美术馆，盖瑞设计

的运气。可是如果满足于在现实的建筑世界里，为人生创
造美的心灵环境，那么建筑世界还是很广阔的。建筑师原
本就是美感安全空间的创造者。

多面向的建筑

年轻的朋友，如果你是一个懂得生活的人，最好把建筑当作一种认识生活进而欣赏生活的经验，不要把它当作一种职业，这是享受建筑的不二法门。

年轻的朋友，建筑是一种艺术，可是建筑师以艺术家自许，就不免把自己送上一条坎坷的道路。试想建筑作为一种艺术品如此之昂贵，建筑师要从事创作多困难？这就是为什么喜欢艺术创作的人大多习绘画的原因。世界上有机会发挥创作的才能，又有人赏识，以无限的财力供他挥洒的建筑师是屈指可数的。试看今天的天王建筑师盖瑞在洛杉矶建一个歌剧院，预算一再增加，连有钱的迪士尼夫人都感到吃不消了。

在美国的加州，有些年轻建筑师喜欢过艺术家式的生活，不肯到建筑师事务所去工作。他们得天独厚，因为加州人都喜欢住独栋房子，加州的天气很温和，建屋不需要太多技术，同时，加州建屋不需要建筑师与营造厂执照，他们使用木材搭建百万美元级的住宅。

有这样的条件，一些年轻建筑师就到处寻找住宅区中的空地，特别是地形特殊、不容易利用的廉价土地，用自己的创意，设计出有高度艺术品质的住宅。建起来就会有识货的人士来买。这是兼开发商与建筑师、营造商于一身的作业方式。只有这样，才与画家的作业方式相近。可是在建筑界，这是不入流的建筑师，被视为潦倒不堪。而在加州之外，几乎是没有机会的。

所以一个有理想的年轻人多半不能满足于建筑艺术家的前景。因为今天有志气的年轻人不愿意为了建筑创作的机会，低声下气地为少数有钱人服务。他们必须在心理上、事业上另找途径。

坦白说，我在年轻时就是一个非常烦恼的建筑系学生，在建筑系读书看不出自己的前途。中学时喜欢读历史和哲学书籍，学了些中国知识分子的社会使命感。而建筑不是艺术就是一种求生的职业，与自己少年时的志向相去何止千里？

在成功大学读书时一直看课外书，就是想在建筑中找出一条我认为可以值得走下去的道路。这也是大学毕业后虽然有不错的工作机会，还是决定留在学校的原因。可是学了建筑却留在学校教书，到底不是一条大道。

其实我的烦恼是一直存在的。我在东海大学教了三年书，到美国留学，在哈佛拿到硕士学位后，为什么又要进学校念书？因为毕业出来还是要到事务所去工作，不知道自己一生的方向在哪里。记得当时看到报纸广告上有人愿提供职业生涯规划及培训。我约他们见面，当我提到我是哈佛设计研究院的毕业生时，他们觉得我在开他们的玩笑。我一定有光明的前途，为什么要找他们的麻烦？其实他们无法体会我内心的感觉，如同一条失掉方向的船，漂浮在茫茫的大洋里。

年轻的朋友，如果你是一个懂得生活的人，最好把建筑当作一种认识生活进而欣赏生活的经验，不要把它当作一种职业，这是享受建筑的不二法门。至于职业，以建筑为基础，可以从事很多有趣的行业。事实上，学过建筑的人只有极少的比例真正进入建筑设计的行业。建筑的训练很广泛，一方面是美感的培育，所以建筑师可以进入任何一个与美相关的行业。建筑师可以进入设计领域，只要略为调整，设计能力不会亚于其他设计背景的工作者。而设计领域是非常广大的，每一设计行业都很有趣味，都可以发挥他的创造力。由于建筑教育中有相当多美术的课程，如果你有美术天赋，也很容易成为画家或雕刻家。

我有一位同学，胡宏述教授，他就是自建筑走到设计领域，又自设计走到美术领域的典型的例子。他在爱荷华大学教书数十年，常说建筑是创造性教育的基础，建筑的思考方法是设计与美术的根本。他有很多别出心裁的设计，到后来成为著名的公共艺术作家和油画家。

建筑是解决空间问题的行业，是组织很多行业、使建筑物成为一件完善作品的行业，所以建筑师必须有综合的能力。现代建筑需要很多辅助专业。结构工程师、机电工程师是最常听说的，其实因不同建筑的性质，必须结合很多专业的帮助。建筑的训练使建筑师在艺术之外，是胸怀广阔的组织专家。因此我认为建筑师如果不愿委身于建筑，可以成为很好的管理与创造人才。这种专业在今天称为艺术管理，是很热门的。

我有一个名气很大的学生姚仁禄，就是自建筑走到室内设计，自室内设计走上艺术管理。他管理的是慈济功德会的大爱电视台。他是该台的总监，要统合那么多节目，保持一定的风格与艺术水准是很不容易的。他也一再地说建筑的背景对他的事业有很根本的影响。

以我个人的例子来说，我是自建筑教育进入博物馆的筹划与管理，乃至后来艺术学院的筹划与经营，直到今天，我都在做管理的工作。我在过去二十年间，虽也做些建筑设计，但主要的精力都花在筹划一件事情上面。筹划的延伸就是组织与管理，我没有学过管理，可是我筹划一个大型的机构，游刃有余，主要就是靠建筑上空间组织的训练，及解决问题的方法。

其实有很多建筑系的毕业生走上了管理的道路。有些同学考取特考，进入政府机关，慢慢就成为了建筑管理的官员，甚至可以成为高官。他们被尊为建筑界的政府领袖。退而求其次，不少同学自建筑设计转向营造或地产，做起老板来也是有声有色的。经商的成败靠的是筹划与管理，他们做自己的业主更容易实现自己的梦想。

年轻的朋友，在台湾的建筑教育界，尚弄不清楚建筑与工程的分别的年代，不少有工程才能的年轻人误进了建筑系。他们的艺术细胞有限，勉强过设计课这一关，但在建筑相关的工程上，却大有施展，都能名列前茅。这样的同学到了社会上进入建筑工程与材料这一行，也都是颇有前途的，因为建筑的背景使他们更清楚建筑界的需要。当然，也有不少干脆离开建筑这个是非圈，到比较单纯的工程界另求发展去了。

我说这些是要告诉你，不要因为面对建筑这一行业的困局而沮丧，要自建筑训练中找出第二条，甚至第三条路来，建筑学为我们铺设的道路其实是很宽广的。我们可以说，建筑是创意事业的基础教育。这也许是柯布西耶（Le Corbusier）先生所说的"建筑是一种心灵习惯，不是一种职业"的意思吧！

说到这里，我要换一个话题。

前面说的都是就业的问题，可是知识分子的理想远超于职业。也许他们一生都没有办法实现自己的理想，那个理想却像一盏明灯一样，引领他们一生的努力方向，学建筑的人可不可能有这种使命感呢？建筑师不是艺术家就是工程师，可能有什么可以肩负的社会使命呢？

这是我在刚进建筑系时所思考的问题。当时我有一位高中同班同学一起考进建筑系，他也是有社会使命感的人。我们二人为上课时要磨铅笔、画图而不用思考，感到非常困惑。念大学何益？是我们于课后相聚，叹息生命虚掷时

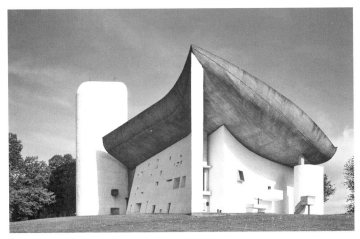

朗香教堂、马赛公寓，柯布西耶设计

所讨论的问题。后来他果然退学重考了，我则因病休学，不得不继续面对此一困惑。

可是不超过两年，在我复学后，自广泛的阅读中，就知道建筑也可以与国计民生有关，我读书才知道建筑所关心的不只是美观，现代建筑并不只是因为有了钢骨玻璃才出现的。建筑是社会、文化的具体表现，作为建筑的制造者的我们怎可能与社会、文化的缔造无关呢？

我读了现代建筑大师的文章，被他们的精神所感动，开始觉得建筑是伟大的事业。建筑史家介绍大师们的作品是通过他们自己的观察，用美学语汇来肯定大师们的成就，但大师们自己的文章才是时代的心声。

美国的大师弗兰克·赖特一生建造了数百幢住宅，大家都知道他的流水别墅与自然融合之美，好像他来到世上就是为有钱人建造美丽的住宅。一般人认为他的贡献，不过是自然材料的运用，自然景观的掌握与有机的建筑观，很少人注意到他把建筑视为民主社会的缔造工具。他认为真正的民主社会，人人都要住在融于自然的环境中，使自己的个性受到最少的制约。这是与美国开国以来的贤哲如梭罗与惠特曼等一脉相承的思想。他认为高密度的城市是欧洲文明的产物，正是美国人应该抛弃的，所以中西部的美国才是真正的美国。想想看，一个建筑师要为美国社会找到一种生活方式，利用居住空间影响美国人的思想与观念！赖特一生的最大贡献也许正是奠定了美国人每人都有小院子的、独特的生活方式。

以现代建筑教育的大师格罗皮乌斯（Groupius）来说吧。我们常常把他的作品视为典型的现代式样，因此后来批评现代主义的种种缺失，几乎都是他的罪过。可是现代与现代主义是不一样的。格罗皮乌斯所秉持的信念并不是现代建筑形式的公式或理论的教条，而是合理的精神与仁慈的胸怀。

欧洲现代建筑革命时的大师大多有社会主义的倾向。他们的思想背景与共产党的早期是相通的，是发自悲天悯人的情怀。欧洲的工业革命到了 19 世纪，产生了资本家剥削工人的现象。欧洲原本就有地主（或领主）与农民（或农奴）的关系，可是传统农业的生产方式与自然脉动相配合，压迫的关系并不显著。工业生产之后，工人的生活与自然脱节，其命运就非常悲惨了。他们每天被迫工作十几个小时，所得不足以温饱，而居住环境非常简陋、拥挤，缺乏基本的卫生条件。共产主义思想自反抗这种不公现象而萌生，现代建筑的革命家则是以解决农工大众的居住问题为职志的。这就是为什么包豪斯到了纳粹时代被迫关门，教授都逃到英美的原因。他们被认定为共产党，至少是共产党的同路人。诚然，现代建筑的实践者，确实是当年东欧的社会主义国家。

所以建筑师的使命感，最具体而切近于生活的，就是解决平民住的问题。这是一个老问题了，我国唐代的大诗人杜甫在被放逐的时候，住在茅屋里，一阵秋风把茅草吹掉，写了一首脍炙人口的《茅屋为秋风所破歌》。由于茅草被吹散，草堂变成漏屋，才有"安得广厦千万间，大庇天下寒士俱欢颜"的名句。他甚至说，如果眼前突现这种广厦，他即使冻死也在所不惜，展现了知识分子民胞物与的胸怀。这是最著名的建筑使命感的陈述。

杜甫的秋风歌是为"天下寒士"而写，是有阶级意识的。可是今天的建筑师是为广大的下层社会的民众着想。

建筑师有这样的使命感又有什么分别呢?

在欧洲盛行福利社会的20世纪中叶,建筑师的主要工作就是建国民住宅。建筑教育要把重点放在研究有效空间的使用上。先不要谈造型,不要谈美观,先设法用最少的经费建造最多的空间,研究如何发挥最小空间的功能。换言之,如何在有限的经费内为最多的人建造舒适合用的住所,是建筑师最重要的任务。

那时候的建筑师是幸福的。他们有明确的目标,因此对努力的方向没有怀疑。建筑几乎是一种科学,大家有共同的语言。建筑不是艺术,是社会工作。建筑也要美感,但那是工艺之美。因此在理念上也很通畅而少挂碍。

即使在富有的美国,也要考虑低收入者的居住问题。当时在美国正进行都市破败区的整理,因为战后不少大都市原本美丽的市中心附近地区,都变成了贫民窟。为了重现城市之光彩,他们要把破败的建筑拆除,就必须找地方建造住宅供贫民居住。当时美国政府称之为廉价住宅。

所以在当时,尽庇天下寒士的理想是世界性的运动。东欧政府原就做了,西欧社会福利国家做得最为成功,美国与第三世界也跟上来，然而大多是失败的。在亚洲，中国大陆一穷二白，顾不到居住环境，东南亚各国也没有形成健全的国民住宅政策，只有新加坡与中国香港在英国的影响下，国宅建设相对比较成功。

1967 年我自美国回来，台北市尚到处都是违章建筑，都市居住问题非常严重，我以为可以帮政府在国民住宅建设上做些事。当时的联合国顾问建议政府走新加坡路线，以国民住宅建设推动经济发展。可是当时的政府经过理念的争辩，已经放弃了有福利国家理想的民生主义，逐渐向美国靠拢，走上个人与资本主义的自由经济，所以对建国民住宅没有多大兴趣。台湾虽然仍不断地兴建一些称为国民住宅的高层住宅，但因缺乏政策，多为处理违建区或军眷区的权宜措施，已经谈不上理想了。

年轻的朋友，我很抱歉在你踏进建筑系的大门不久就对你谈这些涉及政治的建筑的使命与理想之类的话题。可是我觉得今天的年轻人不必像我们那个时代摸着石头过河。你们应该尽量掌握这个行业的各种属性，以便使你在求学的重点上有所选择。特别是多面向的建筑。建筑是艺术、科技与社会文化的交汇点，这种性质一方面使建筑师感到无所适从，被各界边缘化，一方面使头脑灵活的建筑师善用交汇点的优势，出入于专业与政、商之间，寻找自己的理想。这就是为什么台湾大学建筑与城乡研究所的毕业生常常会走入政治领域，到各级政府中担任要职。因为生活环境的建设本质上是政治理想的一环。

通识的心情

设计使你思考，思考使你排除偏见，无偏见使你宽宏。设计师并不都是怪人，并不都是令人讨厌的批评家，也可以是体贴的、接纳一切的、超乎争论的通人。

年轻朋友，学建筑不一定要做建筑，但是太多的选择，反而使你感到迷惑了。因此你才会有"到大学学建筑何益"的疑问。

建筑是一种专门职业，所以在外国，建筑系的课程都要符合专业公会要求的标准，其目的是作育专业从业者。医学院是作育医生，建筑学院当然是作育建筑师，因此学校的第一个实际目标就是使毕业生具备专业的技能，而且取得执业的证照。所以进入建筑系当然应以从事建筑为首要目的。有些西方国家如英国，其建筑系与皇家建筑学会紧密联结，共同完成此一目标，使建筑系毕业的人都可顺利取得建筑证照。美国的制度虽无这样严密的职业化，却有建筑院校的联合会，对基本的课程有所规定，否则就不被认定为专业院校。

当建筑师应该是进建筑系的主要目的，但是在一个动态的开放社会里，人之一生有很多际遇，已经不能再与过去的西方社会一样，可以自年轻时就决定一生事业了。在过去，专业教育有世袭的倾向，父亲的职业就是儿子的未来。上代是哈佛医学院的毕业生，儿子的志愿就是进哈佛医学院，以克绍箕裘，学校的入学政策也优先录取校友的儿女，因为校友的捐助非常重要。

这种固定的关系已经改变了。一方面，上代职业已不能保证后代的成功；另一方面，后代的兴趣所在可能完全与上代不同。到今天，专业学院的学生几乎已经完全脱离了家庭背景的影响。他们都是怀着好奇心来探索一个全新的领域。因此他们并不在固定的轨道上，而是摸着石头过河，尝试摸索出一条自己的人生大道来。

因此才有建筑系学生常有的困惑。

年轻朋友，你没有困惑的必要，今天的世界有多少人是学什么做什么的？这就是在外国通识教育越来越重要的原因。今天的年轻人进入大学，不论进哪个系，学什么专业，都要抱着通识的心情，把你的专业当成一种历练人生的过程。这个世界上越来越多的行业，特别是服务业，是不需要专业背景的。最重要的不外乎两个大行业，一是政治，一是商业，试想政界人士与商界人士有多少比例是大学政治系或商学院毕业的？有些医生做了议员，还真干得有声有色呢！

上学，抱着通识的心情去学专业才是正确的态度。这样说，并不是要你不重视专业，而是自专业的学习中，注意通识的精神。何谓通识精神？就是置之四海而皆准的一些原则、原理。我们知道，不论是哪一种专业，要学好，都要把人群与事理放在心中，都要把握事物的逻辑关系，了解其中的前因后果，都要能使他人理解这种关系，接受此一事理。这也就是所谓"人同此心、心同此理"的那个"理"。

这就是为什么古人念书只念经书，考试只考作文。那时候并没有专业教育，可是有些水利工程、建筑规划与设计，在今天看来是很专业的。是什么人做这些事的？主其事者都是官员，他们都是一篇文章考进来，再经过历练，被派去负责工程。一篇文章能看出什么？是见识，是推断事理的能力，是组织的能力。有了这些能力，就可以组织工匠，完成工程上的建设，达到安民的目的。

今天是知识经济的时代，是专业挂帅的时代，当然不能再用一篇文章来取士了。我们都有了一定的科学知识，都有相当的社会认知，我们的真本领乃至特长已不容易用传统的方法来判断。但是越是在知识至上、专业挂帅的时代，越不能忘记作为一个受过教育的人所必须具备的基本知识与能力。

但是要怎样学，才能增强通识能力而仍不疏忽专业呢？其实是很简单的。

今天学建筑的年轻人已经不必再像我们学磨铅笔、磨鸭嘴笔了，更不需要裱画纸。电脑科技基本上已经消除了建筑师的图板作业。这可以使建筑系的学生多花一些时间在表达技术方面，因为表达技术是花脑筋的工作。画图等于表达的时代过去了。

表达是与人沟通、使人了解的技术，这是在任何一个行业都很需要，而且很缺乏的。在媒体主导的时代，其重要性更是不言而喻。可惜这一点大多数的建筑教授都没有深刻的了解。试想在多元价值的今天，已没有传统价值观可以依赖，你的作品能否为他人所接受，你的理想能否为他人所支持，靠的是什么？就是你的表达能力。在英国的议会民主制度中，雄辩术是大学的重要课程，就是要靠嘴巴来说服大众。其实在任何行业中，雄辩与说服都是很重要的，只是为专业判断的需要，他必须使用图面或其他的工具来加强其效果而已！

牢记学画图的目的是表达，你就受用不尽。不要以为透视图就是表达，或电脑动画就是表达。那只是辅助的工具。重要的是如何充分沟通观念，如何使决策者或社会大众信服而采用。你学习这些，你就不只是学建筑，你学的是在社会上争取机会的能力。

用徒手画表达观念在建筑行业里是很受尊重的，所以也不可或缺。你的沟通对象也很可能是建筑的专业者，或是比图时的评审委员。

用这种通识的观念来学习任何一门课，都会产生意想不到的效果。比如说，建筑史一般说来是必修课，这门课在过去被称为应用考古学。因为建筑系利用这门课详细介绍了古代建筑的重要作品，或是考古发掘，或是保存下来的古迹。读建筑史的学生通常要记得古建筑的细节及其造型，不但用来辨别建筑的时代，而且用来设计复古风格的建筑。现代主义到来之后，不再复古，所以建筑史这门课就失掉了实用性，被视为副课，只聊备一格。台湾各院校

克里特文明遗址

的西洋建筑史教学更被忽视。因此前些年，后现代风格流行，建筑造型要借用西洋古代建筑理念的时候，台湾的住宅大都设计得荒腔走板，台湾的建筑师对古建筑的历史知识太薄弱、太生疏了。

然而对建筑史的实用价值太过重视总是不对的，正确的态度是把建筑史当历史来学习。建筑史是有证据的历史，因此比文字的历史更为深刻。建筑的史迹赤裸裸地呈现了真正的过去，我们可以由之了解古人真正的作为及思想。用史迹与文字的资料互相佐证，才能真正了解古代的文明，古建筑不过是认识文化的通路而已。

如果这样去学建筑史，建筑史就是活的学问。西洋有些史家就是这样去写历史的。古希腊之前的克里特文明没有文字的记录留下来，它的历史全是由古建筑的遗址来重建的。从遗址中可以看到克里特人的科学与技术、宗教信仰、生活的形态、社会的组织、审美的判断等等，比有些只靠文字记录的历史要具体得多了。学建筑史的目的原来就是根据古代的经验，使我们了解建筑产生的本源，让我们知道，以往千变万化的建筑式样是怎么发生、怎么演变的，它们的意义是什么。

学历史本来就是为了知往鉴来。有了广阔的历史观，就可了解建筑与时代、文化与社会的关系。有了历史的知识，就有了思索的方向，对于我们在从事建筑时所面对的问题，就有了解决的途径。更广阔地说，我们可由之对社会与文化现象有深度观察与敏捷反应的能力。自此，建筑史为我们提供了一条专业之外的道路，与文科的毕业生一样具有人文的背景。

在这方面，中国建筑史未免太贫乏了。在过去中国建筑的必修课程有二：一为中国建筑史，介绍唐代以来的古建筑，重点在明清宫殿建筑；二为中国营造法，详细学习梁思成先生重建的清代营造制度，可以用来设计清式宫殿。学这些课程的用处就是有了今天我们所看到的宫殿式样建筑，自最忠实的忠烈祠到中正纪念堂，没有梁先生的这本书是造不出来的。可是这不是建筑教育的目的，所以我在担任系主任的时候，就把中国营造法当成历史资料，并到中国建筑史里面，并把建筑史向上延伸到新石器时代，以追寻上古建筑的根源，向下延伸到台湾的传统建筑，以联结最近的过去。可惜的是，我们关于建筑史的著作未免太少了。这是因为研究建筑史的学者太少了。

不但是必修的建筑史与选修的建筑理论应该这样学，建筑系的主科，建筑设计，更应该这样学。

设计，一般认为是依靠天分，是建筑之为艺术的缘故，要怎样通识化呢？首先要把它的艺术成分忽略，把它视为一种思想方法。

建筑设计与一切设计相同，其最初的动机是要解决生活中发生的问题。学建筑的年轻朋友，要以解决问题为基础，才能把设计学得稳固、扎实。因此设计才讲究方法。所以学设计，只是学习解决问题的思考方法，并不是要学些具体的建筑的设计。在一般的建筑系，建筑设计教学所出的练习题，就是要学生学习的建筑类型。比如二年级设计习题一定有住宅、商店，三年级设计一定有学校、戏院、公寓，四年级要练习设计国民住宅、航空站、市政厅等。其目的就是使学生熟悉这些类型的建筑，以便日后工作时可以驾轻就熟地完成理想的设计。这种教学的观点是错误的。因为我们知道今天建筑的需求千变万化，不是可以用类型来划分的。同样是住宅，上流社会的豪宅与中产社会的住宅，其性质是完全不同的。同一类型的建筑，在不同的环境中，如都市、市镇或乡村，其需求就完全不同。想记住在学校学的内容，对于日后解决不同的问题是没有用的，反而阻碍了创意思想。

过去日本建筑界重视"建筑计划学"，认为某类建筑的内容经过科学研究，可以整理出空间、动线等客观的知识，所以只要照研究结果进行设计就可以了。这种观念就是把建筑当成死的学问了。所以日本的建筑成就与欧美比较起来，总是缺乏一些灵气，就是受"建筑计划"之累。

年轻的朋友，你从事设计练习，当然应该用功，把该题目的空间需求、动线关系认真地加以了解。可是你要学的并不是某种固定的知识，而是学习如何按照问题去推演空间需求、动线关系的方法，建筑是一门活的学问，它没有对与错的标准答案，没有固定的解决方法，而是因时、因地、因社会环境的需要而改变的。

在工业社会中设计住宅，厕所因现代卫生器具与下水道之故设在卧室之旁。而在落后的地区，厕所的排泄物要用作肥料，且有恶臭，故要设在户外。厕所与卧室的关系是由社会条件的不同而决定的。因此传统社会的住宅与现代社会的住宅不可能使用同一公式，也没有正误可言。

所以学设计，不要把自己训练成一个会画图的匠人，而要使自己成为空间思想家，这样想，你就会发现在空间上可以使你深度地了解社会与文化。养成这样的思考习惯，你就会逐渐成为一个通人，慢慢超越你的教授的视域了。

如果你熟悉了理解设计的方法，你就会发现设计也是一种生活态度。你会习惯于不满足你所看到的环境，习惯于构想比较理想的状态，当你的观念完全成熟时，它会成为一种做人做事的方法，会使你更加接受多元的价值。

设计的通识观，核心是创意。为什么学设计的人样样不同于别人？他们的衣着、住所、用具、工作场所、生活的细节都与常人不同。在常人眼里，他们是在作怪，其实不同于常人就是在寻求新意。这是来自美感的需求，也是根基于创意的行为。今天是一个创新挂帅的世界，活在21世纪，活力就是追逐创意。你看每样东西都有缺点，就是创意思维的开始，对每一缺点都有改善的构想，就是创意的启动。所以设计人是对周遭环境有诸多批评的人，是天生不安分的人，是有叛逆性的人。他们如果没有机会改变这一切，就会是世上最容易郁闷不乐的人。可是一旦得道，他们是未来的缔造者。

年轻人，你不要害怕。顺着这个思路，得到真正的贯通，你会发现通识的设计观念使你真正通达，反而会安心地接受多元价值的世界。因为你从创造的过程中体会到眼前看到的一切，都是一些因素所自然形成的。人类的智慧无法去追究一切现象背后的种种因素，因此要了解每一事物的前因后果几乎是不可能的。通过这个经验，你会觉悟到人生是不可知、不容易明白的，从而具有包容、接纳之心。这就是为什么建筑师最容易接纳少数民族文化的原因。

设计使你思考，思考使人排除偏见，无偏见使你宽宏。设计师并不都是怪人，并不都是令人讨厌的批评家，也可以是体贴的、接纳一切的、超乎争论的通人。

年轻的朋友，建筑不但是一门有用的学问，不但是可以提供你多样选择的基础的行业，而且也是训练你如何做人处世的学问。仔细想来，它像一部经典，看你如何去读它，如何去领会它的深意。我在建筑系教书的时候，就是用这种态度常常提醒我的学生，不可把建筑匠人化。建筑的教育也是一种知识分子的教育，"全人"的教育。希望你也怀着这样的心情，大步跨入建筑的世界。

谈建筑设计

今天的建筑设计重在创造，要从零开始，自无中生有。这是要强调设计者的个性、业主的独特需要以及建筑物特有的环境关系。

年轻的朋友，让我们来谈谈建筑设计吧！

怎么开始建筑的设计呢？这是一个很有趣的问题。每一位教入门课的教授都有不同的教法，学入门课的学生有不同的学法，因此建筑设计怎么开始构思，是非常个人化的，恐怕没有两人完全相同。

这是因为建筑的内容太复杂了，思考可以切入的角度太多了。构思的起点与每个人关怀的重点息息相关。因为我们各有不同的背景。比如说，我们设计一所住宅，究竟从使用空间的安排开始，还是自建筑的外形开始呢？其实没有定规。一个成熟的建筑师要同时思考两方面的问题，因为建筑的思维是立体的。对于初入门的学生，同时多角度思考并不容易，又没有自己的风格，所以只好按个性选择一个切入的角度，再慢慢把其他的要素加上去。

所以建筑构思大体上分为立体思维与线性思维两种方式。

为了讨论方便，我画了两张图，图一表示建筑设计的基本要素，说明立体思维；图二则把同样的要素重新排列，说明线性思维。

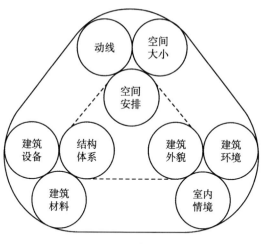

图一　立体思维

　　在图一中，建筑的三大组成要素：空间、造型、结构，各再细分为较细的元素，可是在思维的时候几乎是一体成形的。思维的立体化，主要是内图中空间的安排、建筑的外观与结构的体系要同时构思。想到一角，同时想到其他两角。在思考内圈的三要素时，处于外圈的其他因素会随时于必要时介入。外圈因素如果重要到形成限制，会影响内圈的构思，因而有不同的设计。比如，建筑的环境如果坐落在空旷的地方，这个元素就可以忽略；如果其四周都

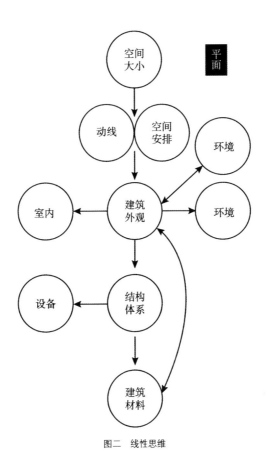

图二　线性思维

是建筑，而且还有法规限制的问题，环境就成为重要因素了。又如建筑使用的材料，如果没有特别的要求，对于建筑设计的决策过程就没有太多影响，只要设计初步完成后，选择最适当的材料就可以了。但是若建筑的主人对材料有偏好，比如他特别指定要用大理石，那就可能对建筑的设计构想有决定性的影响。

立体思维就是多重的横向思维。对于样样都没有绝对价值的创造性活动，横向思维是必要的。我们在前文中说过，它是一种特殊的性向。另一方面，它需要对专业的各个角度都很熟悉才做得到，所以新学者，或在入门课堂上，大多需要自某一角度入手，用理性的方法层层解决。

在学院派时代，切入的角度是建筑的造型。自今天看，就是用类型学的办法。住宅有住宅的样子，学校有学校的样子。每种类型中又有各种不同的式样。比如住宅，有英国式、西班牙式；在英国式中又有多铎式、安妮女王式、乔治亚式等。美国有所谓殖民地式与牧场式等。找出一种你喜欢的类型，加以调整，可以解决大部分的问题。这种方法自现代建筑教育来临之后已经被学校抛弃了，可是却一直为美国的开发商使用，因为它便于与业主沟通。类型学的办法其实是很合理的，只是以因袭为主，缺乏创造的空间，对于新建筑学而言，是很落伍的办法。

今天的建筑设计重在创造，要从零开始，自无中生有。这是要强调设计者的个性、业主的独特需要以及建筑物特有的环境关系。从零开始，就是先从认识独特条件开始，也就是从设计方法上，对问题加以确认。

线性思维的第一步，就是先弄清楚业主对空间的需要。建筑界常称之为 Program。这个词有各项内容的意思，也有计划的意思。建筑师用这个词，不求甚解，大多是指经过整理的空间需求表。在日本的建筑学课程中，最重要的一门课程为建筑计划，其实就是 Programming。在一板一眼的日本建筑界，建筑设计就是建筑计划。这是把建筑当成科学的观点下的产物，是美国的建筑学院里所没有的课程。美国的建筑教育重视的立体与全面思维，也就是比较近似艺术的思维方式。

这个空间需求表越详细越好。准备好了这张表，下一个步骤是安排这些空间的关系。我们知道了住宅中有卧室、客厅、餐厅、书房、厨房、厕所等等。这些房间要怎么安排？客厅与卧室是什么关系？与书房是什么关系？也就是哪些房间应放在一起？思考空间的关系，实际上就是要反映生活方式。进步的西式生活，厕所与卧室构成一个单元，如同旅馆的房间，是重视清洁卫生的生活方式，同时也反映了进步的给水排水系统。至于书房应放在哪里，就与主人生活的偏好有关了。如果主人是学者，有一间特大号的书房，在里面花大部分的时间，那就需要独立而不被打扰的空间。如果主人把书房视为休闲室，就可以与客厅连在一起。

这样的思维方式，就是现代建筑信奉的功能主义的方法，也就是科学的方法。日本建筑学会出版的《建筑设计资料集成》对每一类型的建筑都提供一个功能图，就是基于此一观点，只是过于类型化，缺乏建筑个性的思考。但是美国人也用类似的方法，只是较灵活些。他们在设计之始常用气泡图（见图三）来思考。气泡图方法（bubble diagram）就是用大小不一的圆圈来表达建筑各部分的大小与相互关系。

如果把气泡与气泡间的关系想得仔细些，就会产生"动线"。这个字眼近来颇为行外人所使用，已经是大家普遍接受的观念。动线就是串联各部分空间的廊道，有了此一支状架构，空间组织就很清楚地出现了。自此很容易发展出建筑的平面图，因此支状气泡图已经是建筑平面图的前身了。

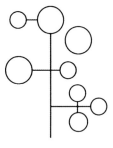

图三　气泡图

动线图已经是设计。动线的架构表现出设计者对建筑物的看法，有时也反映了建筑的文化。比如西方人的空间与思想方式是线性（见图四）的，所以他们的建筑总是以一条走廊为骨干。比如凡尔赛宫等大型西方宫殿，都是一连串的房间，所有的房间，包括国王与王后的卧室也在过道上，没有私密性。而东方人，以中国人的空间为例，则是以簇形为原则的（见图五）。中央是院落，房间则绕院落而立，像一朵花。每个房间都自院子直接进入，进入明间后，再进入其两侧的暗间，也就是卧室。因此中国人的卧室是很有私密性的。

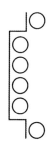

图四　西方建筑格式

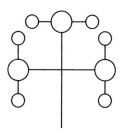

图五　中国建筑格式

说到这里，我已经把功能思考的起步交代得差不多了。如果建筑没有特别的环境条件，就可以思考建筑的造型了。可是在功能主义的思想中，环境条件几乎是不可或缺的，只是有轻重之别而已。最起码的环境条件是日照。在不同的纬度、不同的季节，太阳的轨迹对建筑都会产生不同的影响。其次是气候。各地气候的差异对建筑环境有极大的影响。这些都会使设计者考虑建筑的坐向、开口的方式和屋顶的做法等。在密集的都市环境中，建筑受环境的影响比较重，并反映在建筑的法规中。要考虑别人如何影响你，你又如何影响别人，试图把互相的影响降低到最低限度。台湾的都市环境很差，主要是因为大家不注意对别人的影响所造成的。所以我认为外在的环境条件应该与内在的功能条件具有同等重要的地位。

建筑的造型怎么决定呢？在线性逻辑思维中，形状是自然产生的。美国建筑学家沙利文曾说过，形状是从功能中产生的，这是一句重要的格言。最幼稚地解释这种观念，只要把前文所说的气泡图形成平面图，考虑一下环境的条件，加上墙壁与门窗就好了。盖上屋顶，造型就自然出现。

问题是，这样的建筑外观能看吗？

　　严格的功能主义者，对于按照内部功能与外部环境条件所推出来的外形是完全可以接受的。这时候唯一要修正的是涉及美感的问题。在理性设计原则中，美是外加的东西，是一个变数，因人而异，难有定论。但在现代主义时代，视觉美是可以量度的，其中以古典的比例原则最受普遍尊重。其他的色彩、质感等则以统一、和谐为贵。换句话说，设计师只要把科学方法推出来的建筑外观酌加美化就可以了。比如开窗在不影响功能与环境需求的前提下，可调整其比例。酌量调整门窗的高度，使总体显得整齐划一等，设计就大功告成了。为了宣告设计完成，通常画一张透视图，或在立面图上加彩色效果，以便说服业主。

　　凡是空间想象力薄弱、习于平面或线性思维的学生，大都是这样做设计的。在我做学生的时代，同学们十之八九遵循此一设计过程，只是在平面图的构思阶段，并没有我在前文中所说的那么深入，常常是参考《建筑设计资料集成》中的例子加以修改而成的。他们经常是在造型确定以后，再考虑结构体系。对于普通的建筑，最方便的就是选择钢筋水泥柱梁架构，这样只要在平面图上点柱子就好了。剩下来的工程问题当然就交给工程师去解决了。

很显然，这种靠一步一步的科学方法推出来的建筑，不可能是有感染力的建筑。喜欢横向立体思维的艺术家型的成熟的建筑师就不是这样设计了。

让我们回到图一，看看他们怎么在空间、外观与结构上同时思考。三个不同的要素可能同时思考吗？这是一个心理学的问题，我不知如何回答。我只能根据我的观察与经验指出，全面观照性的构想必然是有机主义的，把建筑视为有机体。换句话说，要把建筑视为独立的生命。做到这一步需要有些天赋才成。

在进一步讨论三合一方法之前，我要交代这三个要素在不同的时代，其重点各异。前面说过，以空间需求为重点是现代功能主义的观念。可是这太理性了，没有多少人遵守，所以在现代主义盛行的时代，就已经有人把重点放在结构体系上了。范德罗（Mies Van der Rohe）主张以钢骨架构、玻璃帷幕为条件来思考。自 20 世纪 30 年代以来，结构定命论几乎推翻了功能说，成为现代建筑的标志。到了后现代，也就是现代主义后期，形式主义开始复活。详情容我后文中讨论。我交代这些，是要说明，把三要素合一并不是那么容易的事情。设计的心理活动很容易找到一个切入点，作为基础来统合其他的两点条件。学院派实际上是以形式为切入点的。为了明白，我把它表列在后面：

年轻的朋友，这封信的开始，很想告诉你一个设计构思的方法，可是转而一想，构思方法与自己的性向有关，并没有一个千古不移的道理，所以就用分析法，告诉你不同的构思过程，让你自己去尝试，找出适合于自己的办法，实际上设计的方法与各人的建筑理念与信仰是分不开的。如果你对建筑没有特别的信念，建筑只是一个卑微的行业，替有钱人服务而已。

言归正传，全面观照的设计方式是怎样的呢？就是空间、形式、结构互相紧紧扣在一起的思维方式，也就是大建筑师赖特的有机建筑观。这样的设计，牵一发而动全身，如果没有超凡的想象力是很难做到的。比如我们常在建筑中看到一根碍事的柱子，就知道那是设计者使用线性思考，结构放在最后考虑的缘故。横向思考的设计，每一根柱子的位置都与造型有关，也与功能有关，柱子只会增加空间与造型的美感，不会造成累赘。又如我们常看到室内隔墙把一扇窗子分到两个房间里，就知道那是先有外形，再考虑内部功能的缘故。有机的建筑，每个房间应有自己适当的窗户。每扇窗子既利于采光，又有造型的美。

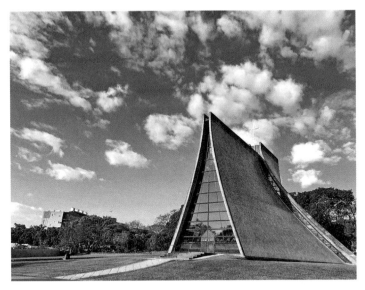

路思义教堂

　　这样的设计说起来容易，做起来很难。要这样做，必须有一套统一三要素的思想纲领。这就是有机派的建筑学家都有一套哲学的原因。赖特如此，路易斯·康（Louis Kahn）也是如此。有些地域主义的建筑师则信奉环境主义。即使没有整套的思想，也要把这三要素在脑海里发酵才成。发酵成熟，有了整体的解决方式，就是建筑界常说的"构想"。构想就是 concept，有了构想，一切就有谱了。

所以功能越简单，象征意义越高的建筑，越容易有立体的发想，艺术的创造。因为不为复杂的需求条件所累，容易统合三要素于简单构想之中。工厂建筑最好使用线性思维的设计法，教堂与美术馆最好使用横向思维。教堂由于功能非常简单，特别为建筑师所乐于设计。赖特曾设计过一座小教堂，以双手合十为构想，造型十分动人，遂为美国各地教堂所模仿。其实此一构想表现得最完美的要算台湾东海大学的路思义教堂，因为它的结构空间与造型是完全浑然一体的。

现代与后现代之间

年轻的朋友，你成长在后现代的世界，要学建筑，是幸福还是灾难，完全要你自己去体会了。

年轻的朋友，在上封信中，我谈了很多设计的过程与方法，那都是现代主义的思维。你如果是一个天生的设计家，一定很不喜欢这种循规蹈矩的办法。因为现代主义的思维是科学的方法，而设计家通常属于艺术家的范畴。艺术的思考方式是灵感导向的，是全面的、横向的。

台湾的建筑师，沿袭德国与日本的模式，是工程教育的一部分，所以考进建筑系的年轻人常常是数理程度不错的学生。这样的学生学设计，当然要使用理性的方法，因为他们的性向不善于全面思考。这就是我在东海大学教书的时候不得不自西方引进设计方法的原因。我译了一本书《合理的设计原则》，就是当教科书用的。这本书是为工业设计系的学生写的，对建筑系不太合用，我后来在《境与象》上写了一篇《常识的设计方法》加以补充。

可是，在实用之外，建筑本质上是一种创造性艺术。为什么会产生以实用为主的现代建筑呢？这要从头说起。现代主义建筑之产生，除了科技的影响外，与历史背景有关。在 20 世纪初期，欧洲文明因工业革命而衍生的社会变革已经迫在眉睫，那就是工人阶级的崛起、社会主义与人道主义的盛行。

　　欧洲的工业固然突飞猛进，但却使少数人累积财富，建立在剥削大多数劳工的基础上。工人阶级穷苦不堪，日夜操劳而勉强温饱，居住环境恶劣，城市里出现了卫生条件极差的贫民窟。回想工业化来临以前的社会，乡愁无尽，才有19世纪英国的工艺运动。这样悲惨的社会环境，使有良心的知识分子挺身而出，为工人们请命。

　　这就是社会主义思想产生的背景。这种思想发而为行动，就是所谓无产阶级革命。在西欧，革命没有成为现实，却产生了温和的演变，出现了社会福利的观念。也就是不必打倒有钱人，希望他们多缴税，经由政府来帮助穷人。对于进步的建筑学家来说，出现了经由新科技的应用建设一个良好居住环境的观念，一举解决贫民窟的问题。所以现代建筑的主张以安全、卫生、舒适为主，美观被视为一种副产品，因此有合用就是美的观念。

　　当然了，在百年前，即使是西方社会也是很贫困的。解决大多数人的居住问题已经很不容易了，哪里顾得到美观？发展出素朴的美学，反对装饰，是理所当然的。其实现代主义的美学是后来的理论家概括出来的。

把装饰视为罪恶并不表示现代美感完全虚无。因为西洋的美学中以几何学的秩序与比例为核心，除掉了装饰仍然可以保留这些核心价值，甚至可加以凸显。所以新建筑时期有创造力的建筑师就在几何形式上做文章。

所以以社会主义思想出发的简洁、实用的建筑观，没有多久就开始变质，走上现代主义的形式路线。在这条路上，吉迪恩（Giedion）的《空间·时间·建筑》一书发挥了很大的作用。他不用功能主义的观念，改采形式演化论来了解这些建筑先驱的作品，也就是把建筑当成造型艺术品来讨论，还把时间观念拉起来，因此使得现代建筑中的社会意义很快被忘掉，大家记得的只是现代主义的形式了。

年轻的朋友，在我读大学的时候，吉迪恩这本书是经典，我不但仔细读过，而且做了摘要，成为我认识建筑的入门书。今天回想起来，这正是现代建筑形式化，也就是现代精神消失的开始。如果我们把现代建筑分为两个阶段，第一个阶段是欧洲国际建筑运动时期，相当于包豪斯的早期，发生于俄国革命之后；第二个阶段则是国际运动瓦解，到第二次世界大战前后。第二阶段已经回到形式主义了，尤其是现代运动正式在英美等国生根之后。

回到形式主义，也就是重新重视建筑的美感，使建筑界感到踏实得多了。把建筑当成社会福利事业，以廉价国民住宅为主要类型，是说得过去的。但建筑不只是国民住宅，也是文化、艺术的一环。何况建筑师作为一个形式的创造者，是需要发挥空间的。想想看，你能忍受得了，在设计的工作上只考虑花最少的钱，建最大的空间，却不允许在造型上出点花样吗？这是连现代大师们都做不到的。

柯布西耶忍不住了。他原是纯粹派的画家，又是雕塑家，他的建筑最先与艺术挂钩。到了第二次世界大战后，就干脆把建筑当雕塑，追求厚重的美感。他是现代理论大师，早年鼓吹建筑就是居住的机器，成为通用的格言，而最早叛离正统现代主义的正是他老人家自己。可是革命时谈道理是一件事，生命中的创造冲动是另一件事。他的朗香教堂太近乎雕塑了，简直不能以建筑视之。

范德罗也是沉不住气的现代大师。他在 20 世纪 30 年代就构想了以钢骨与玻璃为材料的高楼。现代建筑的材料何止钢骨与玻璃？水泥才是最有利的材料，其他与生活有关的新材料可多了，为什么他独钟钢与玻璃呢？可见他不是功能主义者。这两种材料的本质都是又直又平又硬的，要谈造型，最好是平直的几何形，所以他老先生到了 40 年代就发展出所谓"最终形式"的说法，认为钢骨框架、中嵌玻璃的方盒子建筑，是最美观、最现代的，是历万代而不惑的建筑形式。他是现代玻璃大楼的祖先，在芝加哥可以看到他所建的大大小小的盒子，在他的出生地欧洲，却只有柏林的一座美术馆，他曾是包豪斯的校长，却最早革了现代建筑的命。

这两位现代建筑的宗师，打着现代建筑的红旗反现代建筑，他们的追随者更不用说了。所以战后欧洲衰敝，建筑的舞台以美国为中心，新建筑的面貌就五花八门，已经保不住原有的精神了。

这也难怪。美国与欧洲的社会经济情况大不相同。美国人崇尚自由，尊重个人价值，而且比较富裕，除了黑人与外来移民以外，没有贫民。现代建筑的理论原无法在美国立足。他们土生土长的建筑是赖特的草原建筑以及他的有机建筑理论。他们脑子里想的不是拥挤的城市，因为那是欧洲文明的遗毒，而是在广阔的田野山川中，找一处幽静地点，建一个与大地契合的住处。这就是所谓"美国之梦"。第二次世界大战后，汽车普及，这种观念在全美国蔓延，造成都市郊区的无限扩展，导致了不少都市问题，但直到今天，这仍是美国人理想的生活方式。只有美国这样广阔的土地，这样丰裕的资源，才能容许美国人做这样美妙的梦！与他们谈社会主义是痴人说梦。

所以现代建筑到了美国，是以现代美学切入的。20 世纪 30 年代，纽约的现代美术馆，在菲立普·约翰逊的筹划下展出了"国际建筑式样"，是把新美学介绍进美国建筑界的第一步。但是现代建筑真正在美国生根，是在战争前后，欧洲的建筑学家到美国大学教书开始。格罗皮乌斯带着包豪斯的精神到哈佛担任建筑系主任，使哈佛与麻省理工成为新建筑学术登陆的滩头堡。哈佛法学院的建筑是格罗皮乌斯在美国的经典之作，其风格与德国的包豪斯非常一致。

现代主义在美国是混合了本土思想后才慢慢传播开来的。真正的现代建筑在北欧的社会福利国家得到相当程度的发展，但只有东欧的社会主义国家才受到热情的拥抱。当年从事现代建筑的大师，恐怕没有想到他们所鼓吹的精神为社会主义国家所接受，他们自己却被驱逐到资本主义国家去，不得不调整自己的想法。

年轻的朋友，到我去美国念书的 60 年代，现代建筑的精神堡垒，哈佛设计学院已经褪色了，因为现代主义被本土修正主义者攻击，失去了领导地位。美国建筑教育界一片迷茫，更在调整脚步，寻找一条可以为下一代接受的途径。现代建筑最后一位大师康，已经是披着现代的外衣，却结合了美国的有机主义与欧洲学院派的古典主义，为现代建筑画上了句号。

现代建筑精神就这样糊里糊涂地被遗忘了，剩下来的是一些形式的片断。与现代建筑一起遭殃的，是西方自古以来流传的统一与和谐的美学。文丘里（Venturi）的《建筑的复杂性与矛盾性》终结了西方上千年的传统。

噢! 后现代来临了!

年轻的朋友，你成长在后现代的世界，要学建筑，是幸福还是灾难，完全要你自己去体会了。举例来说吧! 传

文丘里为母亲文娜·文丘里建造的别墅，位于费城附近的栗子山上

文娜·文丘里别墅内的起居室　　　　　　　　文娜·文丘里别墅内的一间卧室

统的社会，婚姻是由父母之命安排的，可是传统婚姻中的
夫妻关系，很多是妙不可言的。想想《浮生六记》中的沈
三白与芸娘，简直是神仙眷属！可是今天的人要自由恋爱。
试问今天的婚姻有多少是因爱而结合，又有多少是幸福的
呢？年轻人因为婚姻之不可预测性而畏惧结婚者比比皆是。
后现代，一句话，就是多元价值的时代。后现代的建筑与
随性随兴式的婚姻性质是相同的。

　　后现代来临之前的建筑，价值是单一的。现代建筑的
功能基于科技的原则，评量其优劣非常方便，可以按其内

容分条列出，一一检视，因为它是居住的机器。在建筑的实务上造价的控制最为重要。以最少的造价建最多的空间，在最小的空间中容纳最多的功能，这是经济的原则，基本上也是可以比较，可以严格检视的。这样单纯的原则，容易学，容易教，容易考。即使是比较不易条理化的美感原则，不论是古典美还是现代美，一般也都有共识，属于单一价值。

可是60年代之后，美国已进入富裕社会的时代。社会学家们观察到富裕社会的价值观已大幅改变，必须另眼相看。当人类可以不需要努力就能不虞饥寒的时候，当人类只需要少量工作就可以得到超过生活所需的供应的时候，传统社会的一切价值都需要重整。

当设计建筑无法则可循的时候，自然就一片混乱了。我们不再按需要的空间来设计，在心灵上就得到解放。这种情形与婚姻自由一样，只是在婚姻之途上就出现了迷惘。在60年代，美国的建筑也出现了迷惘的现象，如果你可以随意设计，不但空间大小不限，空间的安排与外观的形式都可随意，形式不再随从于功能，请问你要如何下手呢？

极端的自由会带来虚无主义的思想，所以 60 年代的末期很多年轻人都离开社会，去过流浪生活，他们否定一切，却无法建立新的积极价值。

这就是后现代建筑产生的社会背景。可是在文明社会中，完全没有原则是不可能的，慢慢就会酝酿出新的原则。建筑学家到了 60 年代中期就陆续推出了新观念，到了 70 年代，"后现代"的名称也提出来了，成为一个新的时代文化的标签，这就是多元价值时代的来临。

如果要你设计一个两坪的卧室，摆一张床就快满了，顶多再加一个柜子，谁设计都一样。如果有五坪大，就需要动一番脑筋做最适当的安排。可是如有一间二十坪的卧室，床已经不重要了，你就需要一点想象力，必须寻找另外的价值，才能聪明地利用这些多余的空间。每一位有想象力的建筑师可能都有不同的看法。看法不同并不一定有程度上的区别，却表示多元价值的存在。不同的建筑师为了满足不同的房主的精神需要，寻找新颖的方法。没有适当不适当的问题，只有喜欢不喜欢的问题。可是作为一个有个性的建筑师，你必须有自己的独特看法。

这时候，建筑开始向绘画与雕塑看齐。有些建筑学家看到了古典美学的破产，开始向大众文化与波普艺术（pop art）靠拢。这些少壮派先把自己所受的学院教育丢掉，换上一双老百姓的眼睛，革自己的命，弄出一些看上去粗俗的东西，以哗众取宠。可是在骨子里，还有学院的秩序原则维系着，不至于沉沦。迈克尔·格雷夫斯（Michael Graves），这位设计了台东史前博物馆的著名建筑师就是这方面的代表。

大多数建筑学家无法忍受波普艺术，就找到比较严肃的象征主义。建筑不再尊重功能了，也不谈结构了，其空间与造型就只能从形式符号上寻找意义。什么是象征？就是形状对我们所产生的意义。象征是很玄奥又复杂的名词，有人把它与图像学弄在一起，对于年轻的朋友们就显得太深奥了。总之，以象征为主要方向，就是回到造型与空间的主导设计。采取这个立场，你就不再问功能的问题，问的是建筑要什么格调，想使观众产生什么感觉。然后再问用什么符号与象征来达到目的。

不论是大众文化还是象征主义，都是要在失掉单一价值后，寻找新价值的途径。前者是诉诸群众，凡是一般大众有热烈反应的东西，都是可以用在外观上的语汇。大众喜欢的东西又多又杂，因此从大众生活中找灵感多少有点自嘲的味道。象征主义则有些书卷气。用造型来表达意义对一般人来说还是很深奥的，不容易理解，它的好处是，象征的意义与文化背景有关，不同的文化与族群有不同的象征，因此也符合多元价值的时代精神。

所以你看到的是最近几年的建筑，花样百出，在建筑学家的心中，多少都是有"意义"的。可惜的是，其意义不容易明白，倒是逐渐形成了一种新的流行。大建筑师的作品风格发明了一些新的语言，后现代的与非理性的语言，大家不问所以都跟着抄袭。后现代终于也沦落为一套公式了。

风格与传统

我劝你最好在做学生的时候，就对传统建筑下些体会的功夫。这种独特的体会一定会帮你来日建立自己的风格，找到自己的路线。这并不是很容易的。

年轻的朋友，你有没有觉得大街上的建筑都大同小异呢？不但台中与台北的建筑没有什么不同，台湾地区的建筑与美国的建筑也没有根本的差异；它们真像一个模子出来的东西。这也许是一般人不太在意建筑环境的关系吧！

一点也不错。自从20世纪初，欧洲建筑在国际建筑学会的领导下推动国际风格以来，建筑就逐渐走向国际化了。今天在经济发展上盛谈的全球化，建筑界听来一点也不稀奇，因为我们已经推动了快一个世纪了。

你大概明白，建筑的国际化是两个因素所造成的。第一是现代科技的应用。因为欧洲发明了钢结构以及钢筋水泥，又发明了电梯与大玻璃等配套的技术，凡是进步的国家都开始用新科技建房子。不用说，各国新建筑的力学理论与材料工法都是一样的，建造的房子虽有大小、高低的分别，在风格上却没有多少差异，特别是在新建筑的美学发展出不兴装饰、崇尚简约的理论之后。

如果你喜欢旅行，也许已经注意到，港台地区与新加坡、美国的建筑相近，与欧洲反而不相近。为什么发明国际建筑的欧洲反而不太国际化呢？

这是因为欧洲是文化发展比较成熟的地区。他们在倡导国际建筑的时候，事实上已经高度开发了几百年，每一个市镇早已有了自己的风格，有了高水准的建筑。而且他们的文化界与国民都以城市的风格感到骄傲。国际建筑的运动只能在不相干的边远地区为工人造房子，要把他们带进城市里是非常困难的。建筑环境是生活习惯的一部分，所以最容易形成传统，长期保存下来。19世纪末，巴黎建造埃菲尔铁塔的时候，以左拉为首的文学家极力反对，就是很好的例子。这座铁塔在造型上还真是很迁就当时的品位呢！

你读过柯布西耶的著作吧！他曾为巴黎市中心先后做过五六个改建计划。因为20世纪20年代的巴黎，由于汽车时代的来临，已经瘫痪了。他的计划是把中央部分拆除改建六十层高楼。30年代的计划则为建造两座几公里长的大楼坐落在公园绿地之中。后来又在40年代，把整个巴黎计划成百层高塔，全城恢复当年自然状貌。这些计划都被巴黎人当笑话看。只有美国人在第二次世界大战后用这些理论从事市区改建。利用最多的倒是苏俄与东欧呢！

你大概也知道，国际建筑在美国东部推行得也不顺利。因为美国自己没有文化，却以欧洲文化为马首是瞻。欧洲建筑界推动国际建筑的时候，正是美国用欧洲古建筑的语言建高楼的时候。美国人建成几十层的大楼，想利用哥特式教堂的样子放大，中等高度的大楼则利用文艺复兴时期的宫殿加以放大。直到战后，欧洲的现代建筑大师来到美国，美国的城市才接受国际建筑为美国建筑，大规模地兴建起来。30 年代建的纽约帝国大厦不就是一座哥特式尖塔吗？建筑的国际化在西方是科技的因素所推动的，在其他地区，也就是相对落后的国家，则是西化的因素所推动的。20 世纪中叶以后，西化的力量自早年殖民地的经营，改变为美国文化的国际化。美国文化成为追求进步的象征，国际建筑就这样跟着美国人走遍全世界。今天的上海简直就是美国城市，大家却不以为怪，视为全球化的象征。

　　东方世界都面临这样心理上的矛盾。他们既希望现代化，要求进步，一方面却希望保持自己的民族特色。要进步就要学习西方国家，就是西化，因此都出现了意识形态上的冲突。你听过台湾在上世纪五六十年代的文化论战吧！那时候，有一派人，精神领袖是胡适之，以殷海光为首，主张彻底西化，主张不顾一切地学习西方的科技与民主。另一派人代表政府，则主张维护中国的道统，要"中学为体，西学为用"。还有一派人，是新儒家的学者，其中胡秋原先生主张超越论，认为应融合中西，超越传统。这三派理论势同水火，互不相让，使年轻人无所适从。

这些争议使用在建筑上就一目了然了。西化派就是把西方的现代建筑完全接受过来。从今天的情形看，他们胜利了，这是大势之所趋，恰恰可以接上近年来的全球化的风潮。西化不仅是现代化，而且要跟着西方的风潮起舞，所以西方搞后现代，搞解构、前卫，我们也跟着起哄。传统派并不是故步自封，他们主张接受西方的科技，但主张维护传统的文化价值，也就是建筑的形式与制度。这派人当然是失败了，但是两蒋时代的重要纪念性建筑都是清代以来的传统形式，用新材料、新方法建造起来的。

有些建筑师感受到文化传统的价值，可是要他们接受圆山饭店、中山楼、中正文化中心之类的建筑，又觉得有点时光倒流，不可思议。因此很希望找到一种办法，可以合理地结合传统与现代精神。可是此一问题已经讨论了几十年了，到今天仍然看不到一种完全令人信服的解决办法。可见超越只是一个观念，要实现是很不容易的。

其实这个困局并不是只有中国人才有，所有的东方国家，包括与我们相近的日本与韩国，很远的中东国家与较近的东南亚国家，都经受了这种矛盾的煎熬。一般说来，中国人在这方面是最洒脱的。虽然学者型的人一直厮守着传统的价值，政界、民间与建筑界却可以很轻易地忘掉传统。这是因为中国人是秉持实用理性的现实主义者，可以义无反顾地跟上国际化的潮流。在港台地区和新加坡是如此，中国大陆开放后，更是如此。这就是为什么亚洲四小龙除了韩国外都是中国人的社会！其实韩国是中国之外最接近中国的国度了。

中国文化圈之外的民族大多有深厚的宗教信仰和非理性的文化传统。他们虽知道科学与技术的可贵，却无法轻易放弃传统的生活方式与社会规范。这是他们在经济发展上比较落后的原因，因为遇到科技与传统冲突的时候，他们会相信宗教、坚持传统而放弃科学理性。所以在现代化的过程中，他们所遇到的心理困局远超过中国若干倍！有些国家几乎是无法改变的，反映在建筑上也是如此。这些第三世界国家对美国文化霸权的反抗是非常激烈的。它们的建筑因殖民时期的强制移植才有国际化的外貌。如今它们独立自主了，总是想尽办法在造型上表现出民族的风格。有时候表现得并不恰当，因为它们自己不会建造高楼大厦，需要西方的专家来帮忙，西方建筑师只能在表面上模仿，未必能掌握本土民族的精神。

年轻朋友，你要知道，如果一个建筑师只是盖房子的工程师，实在不必担心这些问题。如果是一个有文化责任感的艺术家，就摆脱不了国际化带来的课题。你会不断地思索，我们的建筑应有特色，我们的城市应有独特风貌，可是怎么创造自己的风格呢？

风格有两个层次，一是个人的风格，一是民族的风格。在建筑上，民族风格的展现比个人风格更重要。

个人的风格在艺术上是重要的。但是建筑受功能与工程技术的影响，又有业主的个人爱好，自由表现的机会不多，风格不容易呈现。只有专注于一类建筑，如住宅、学校或办公大楼，而且著有声望者，才有机会展现个人风格。今天世界级的天王建筑师盖瑞，在洛杉矶的市中心建了一座令人目眩的迪士尼音乐厅，充分地表现出个人风格。可是他有本事在竞争中打败几位普利策奖建筑师，然后有一位非常有耐心又有钱的业主，等他十六年去发展出自己的成熟风格，允许他成倍地增加预算。他在得奖后三年，科技界才有可以处理复杂形状的软件，而且先建了一座古根海姆博物馆分馆来暖身。等到落成，大家热情鼓掌的时候，他已经花了近三亿美元。谁会有这样的才能，又有这样的运气呢？你可以有野心，却难以期待这样的机会。

盖瑞的风格是否理想呢？不然。他设计不同用途的建筑，却使用一种造型：金属曲面雕塑，已经逸出了建筑形式本应有的象征意义。他盖博物馆如此，学校校舍也是如此，如今在音乐厅上只是特大号的同类东西而已。这样的风格已经超出了传统对风格的认知，成为一种商标了。在现今的商业社会中，创造品牌是营销的重要手段，盖瑞的做法等于在他的作品上加上品牌，不能不说有些商业的动机。那么风格与商标有什么区别呢？

风格是由个性中自然产生的，所以有精神的价值。个性中有些是你特有的偏好和特长能力，但也有你的教育背景和家庭传承，因此与你的文化背景有关。这些因素融合在艺术的创作中，就会呈现出与别人不同的风貌。中国人喜欢用"风"字，因为它是摸不到却感觉得到而又无所不在的东西，所以有风土、风俗、风化、风度、风骨、风姿等说法。有些名家的作品，看一眼就知道其作者，就是因为其风格特殊。风格非常强的作品，如凡·高的画，只看一角就推论得出来了。一个艺术家的作品没有固定风格，是很难被视为名家的。

商标也是设计出来的，当然也有特色，可是它与物品之间没有有机的联系。也就是说，同样的物品上可以挂上不同的商标，对物品没有丝毫影响，它是外加上去的。商标与风格的共同特质是影响观者的观感与价值判断。一件艺术品的身价与其作者的知名度有关，一件商品的身价与其商标有关。张大千涂抹几笔就值钱，不知名的画家的力作也无人问津。名牌的衣物即使在地摊上也容易脱手。

年轻的朋友，我跟你谈这些做什么呢？是希望你寻求建立自己风格的方法。盖瑞的作品完全视为商标当然也不公平，但它失掉了与建筑的有机联系，有些哗众取宠的意味，其价值是见仁见智的。可是他成功地为自己建立了风格是毫无疑问的，如果有很多建筑师都有自己的风格，台北市还会如此了无生机吗？

但是你要知道，个人风格的建立只是建筑独特风貌的一部分原因。在建筑上，集体的风貌比个别的风貌重要得多，只因过分的商业化与个人主义化，才产生盖瑞之类的建筑师。在有深厚文化积淀的国家，历史的风貌与民族的风格才是更重要的。到此，话又说回来了，如何在自己的作品中呈现民族的风貌才是最重要的！

其实我强调民族风貌，是因为民族的特质是集体风貌中主要的成分。即使是建立自己的风格，其中也少不了集体的要素，因此就离不开民族风貌。任何作品的风格中都会透露出民族的面貌，有时候我们把这种抽象的特质称为气质。年轻朋友，你要立志成为有气质的建筑师。

如此，我希望你对传统建筑做深入的了解。我并不劝你参加测绘与修复的活动，但你要掌握建筑传统的精神。

"精神"二字也许太抽象了，可是不谈精神难免又落入外形的范畴，只想到一个宫殿式的大屋顶了。精神是指文化的意涵，不深入无法了解中国文化传统中建筑为什么是那个模样，为什么要那样安排，有哪些象征意义。不深入探究就无法了解哪些东西才是不应该为时代淘汰的美质。

你知道，我是台湾传统建筑保存的发动者与实践者。我主张保存传统建筑，是因为它们是传统文化的凝结物，是既往历史的活见证，不保存就会完全消失。另一个原因是传统建筑中的美质使我感动，不保存就等于破坏了美的作品，是野蛮人的行径。我的立场与时下年轻人的保存观是不一样的。他们的理念基本上是建立在乡愁之上的。因为浓浓的乡愁而不想失去过往的记忆，担心忘记才力主保存。我主张好的才保存，他们主张保存就是好。

我不主张你过分投入对传统建筑的研究，实在是怕你沉迷记忆的价值。太感性了，就回不到创作的途径了。建筑师的职责是创造，是为未来织梦，而不是回忆。我们向后看，是寻找我们心灵的根源，以便坚定信心，找到未来的方向。如果我们一味地迷恋过去，怎能放眼未来呢？

台南大天后宫

但是你要从心里找到传统的意义，自然地表现在自己的作品中。"从心里"是指真心的感受。记得我几十年前初次进到台南大天后宫的时候，受到极大的震动。那空间的层次，明暗的对比，柱廊的围护，使我第一次领略到台湾建筑之美。我走在古建筑之间，橙红色的砖，斗子砌的图案，与白色粉底的对比，使我的心情飘浮起来。在我的感觉中，这就是民族，就是本土，这就是当现代主义来临之前，在日本人带来西洋建筑之前，台湾人民所拥有的建筑之美。

我不是劝你回到传统，即使是我的作品路线也不足为表率。因为我太爱传统的美感了。对于传统语汇的美，我是很写实的，非直接拿过来用在建筑上，不足以满足我的感受。可是当我在中年之后，决定自传统中寻找风格的时候，我的作品才有自己的特色。可惜我的晚年从事公务为多，没有多少机会在建筑上有所表现，使我在心里酝酿的一些东西没有表现的机会。

所以我劝你最好在做学生的时候，就对传统建筑下些体会的功夫。你的体会也许与我不相同，与其他人都不相同，可是这种独特的体会一定会帮你来日建立自己的风格，找到自己的路线。这并不是很容易的。当然了，也许你醉心于西化，希望走艺术建筑与数字建筑之路。可是没有自己的风格，建筑不过是互相抄袭的一种行业而已。

建筑家要有爱心

我希望你能了解，成功的建筑师应为大众所拥戴。无时无刻不矗立在大众面前的建筑，它的创造者心中没有大众是不可以的。

年轻的朋友，前几天我收到一本新出版的建筑杂志，是几位建筑界的中生代杰出学者所创办的。我花了些时间读那本杂志，感受到他们希望倾吐的心意，我知道他们的心情，因为我在年轻的时候，一直都在办杂志。你也许知道，我在成功大学读书的时候就办了一本杂志，名为《百叶窗》。这本杂志在我离开成功大学后，出版到我出国才改为系刊。我到东海大学，立刻就办了《建筑》双月刊，我出国后就停刊了。回国后又办《建筑与计划》双月刊，后来自费办了《境与象》，又是因为出国而停刊。离开东海大学建筑系之后，以为再也不办杂志了，谁知后来筹划自然科学博物馆，就在第一期开幕后不久，又办了《博物馆学季刊》，因为是官办，一直出版到现在。科博馆完工后，我去筹备台南艺术学院，开学后不久，办了《艺术观点》，到今天仍在出版。我已到了古稀之年，还想办个杂志呢！只是没有这个精力了。以我这样的经验，当然很了解年青一代为什么做这种吃力不讨好的事情了。

可是我读了他们的杂志，觉得他们的目标与我当年的想法未尽相同。在我的时代，20世纪的中叶，台湾是闭塞的。我们办杂志一方面固然是有意见要发表，也就是对同行发言，或介绍国外的思想；另一方面却又希望把建筑知识推广到建筑圈外，甚至社会大众的意思。不论是对行内与行外，我们的行文都以"说清楚，讲明白"为原则。除了我少数的文章，大多避免太多专门用语，使读者一目了然。这就是自《境与象》之后，我逐渐以大众媒体为园地的缘故。

现在的建筑学者就不同了，他们同样是有意见发表，但他们有写博士论文的经验，所以在行文中，习惯以学者的口吻说话，带进一些深奥的思想家的观念。他们的文章我读起来都要全神贯注，要一般人了解几乎是不可能的。我觉得，他们办的是学术性杂志，是为少数人，也许是研究生办的；他们无意让建筑圈外或社会大众理解或欣赏建筑。他们只是要在建筑专业思维上交换意见。

年轻的朋友，我不是批评他们，而是说明我的一代与当今的一代在态度上的差别。在 20 世纪现代主义流行的时候，明晰（clarity）是沟通的基本准则。建筑被视为一种视觉艺术，它所传达的意思要很明确地表现出来，才能产生共识与共鸣。那时候，建筑学家都是艺术家。他们的思想来自广博的常识，来自敏感的天赋，因此思想是原生的。他们直接从现实生活中发掘问题，在问题中深思，在深思中得到智慧。因此表达的语言是通俗的。他们不是学问家，勉强可以称之为哲学家。所以才有柯布西耶"建筑是居住的机器"这种既明白又有深意的话。

可是自20世纪后现代来临，明晰为含糊（ambiguity）所取代。建筑不用眼睛看，而变成一种观念了。这与美术走向观念艺术与装置艺术是同步的（其实晚了一步）。眼睛人人都有，观念却不相同。因此由视觉接受并欣赏的艺术是可以大众化的，由观念接受的艺术只能由有这种脑筋与思维的少数人欣赏。小众艺术或分众艺术的时代来临，而建筑却矗立在大众的眼前。这时候，建筑学家先要成为思想家。他们的知识来自书本，来自专业哲学家或科学家的著作，思想是衍生的。因此他们不再是艺术家，而成为学问家了。

这种走向是与前卫建筑的创作亦步亦趋的，前卫建筑学家向反常识、脱离生活相关性上去思考，目的是脱离群众与刺激群众。一方面是高蹈，其实也是一种媚俗，是以退为进的方法来获取大众的关注。对他们来说，常识与生活太平凡了。可是要把这样的建筑学理化，就要用很艰涩的语言了。

年轻的朋友，我不反对学理的探讨，可是我一直认为建筑是社会性的艺术。研究学问是学院内的事，而建筑学家在基本上是服务社会的艺术家。所以我不反对学院内的思考，但确实不赞成象牙塔的建筑观在社会上实现。建筑是一种公共艺术，它一旦建成，就会产生影响。由于是永久而公开的展示，其效果比美术馆中的艺术要大得多。建筑师不考虑社会的责任感是不对的。

当然了，社会责任的范围是值得讨论的。今天的艺术家以叛逆性作为他们的创作的灵魂，因此一切为社会大众所接受的价值，包括传统社会秩序的力量，都是他们反叛的对象。在建筑上，稳定与安全的水平、垂直线条为倾斜的线条所取代。方正、平和的生活空间，为混乱、偏畸的空间所取代。叛逆性的思维所得到的是什么，是很值得下一代年轻人思考的。负负得正，你们的老师辈是我的学生，他们反的是我的时代，你们也应该反叛他们的时代，说不定下一个世代，建筑的思考可以恢复到正常呢！

年轻朋友，我并不反对创新。艺术的精神就是创新。但创新与搞怪不同，创新是对传统的突破，但在人性价值的范围之内。人类文明进步就是循着不断创新的途径前进。以建筑来说，西洋史上几千年间，风格变化，技术精进，美不胜收，自古典建筑转变到哥特式建筑是何等创新！但却都在视觉美感与功能理性的范围之内，也就是合乎稳固、合用与美观的基本原则。超乎这些人性的需求，创新就是搞怪了。利用搞怪来哗众取宠，其实是很不道德的，道德是一种社会价值。孤芳自赏式的建筑虽没有道德问题，却不可避免地排斥了社会价值，傲然地鄙视社会大众。在我看来，这样的创新都是群众运动应该避免的。换句话说，群众运动与政治家一样，对人世的态度要走中道。在创意中蕴含着不偏不倚的普世精神。

我从建筑师的社会责任看，觉得在美学上，建筑学家负有教化的责任。也就是建筑学家作为艺术家，应以美来悦民，以提升社会的人文气质。但我也体会到，社会大众有他们自己的爱好，有时很难接受建筑学家所提供的美感，这是永远无法解决的矛盾。我从中年以后深深体会到这个事实，即建筑界越认真，社会大众离我们就越远，我们越无法达到努力的目标。这是社会性艺术家的十字架。

雪上加霜的是，自 20 世纪中叶以来，思想界对传统美学价值的怀疑。美，失掉了人文主义的精神，就只有感官的刺激了！群众运动怎么承担建筑学家的责任呢？他的责任又在哪里呢？难道他只能在这个行业里混口饭吃吗？

因此我提出"大乘的建筑观"，要以入世的精神来从事建筑。其实我的体会并不完全来自建筑的经验。在建筑之外，我正筹设自然科学博物馆。这是一个大众性的科学教育机构。科学的教育虽与建筑美感的教化未尽相同，但面对大众的困境却是一致的。科学家的专业知识很艰深，非一般人所能了解。然而一个文明国家，其国民对于科学都有一定程度的掌握，尤其是科学态度。如何使不易接受艰深原理的大众高高兴兴地来博物馆受教呢？科学馆的展示要在人性中呈现科学，才容易被观众接受。

所以我提出雅俗共赏的建筑观。

雅俗共赏是人文主义的美学态度。雅以脱俗，俗以近雅。

雅是美感的精神面，俗是美感的物欲面。一件艺术品只考虑雅，会排斥大众，使他们无缘近雅；只考虑俗，一味地只顾吸引大众，则会使他们沦于庸俗。只有兼顾雅俗两种性质，才能完成其社会任务，调和其间的矛盾。人文主义者兼及人类精神面与物质面，使两者互相交融，因为两者都是人性中不可或缺的部分。爱情是高雅的，肉欲是世俗的，只有兼具二者才能构成男女之美满婚姻。

话虽如此说，建筑天然是抽象的艺术，不会也无法涉及肉欲，再庸俗也不过丑陋，不过流俗，并没有严重的社会危害。最容易俗的建筑是装饰过多的建筑。欧洲的洛可可建筑就常有俗的毛病，俗在建筑上只是甜美而已，无伤大雅。

举个例子来说吧！美国加州的电影明星所建的住宅，多半是样式建筑（period architecture），也就是在历史上选择的样子。因为地域的关系，很多是墨西哥的西班牙式，有些是古典式，有些是中世纪堡垒式，风格不一而足，都延续着英国庄园的传统。不但大明星如此造房子，20世纪30年代以来的好莱坞，连中产阶级也这样造房子。这类建筑套用历史的式样，为严肃的建筑界所不齿，却为大众所喜爱。为他们服务的建筑师，以专业的精神活用了历史的语言，同样也是一种创造，而且也能做到高雅，是典型的雅俗共赏的建筑。由于这样的建筑市场广大，他们有专业杂志，是与学院派建筑业平行发展的。他们的刊物是供大众参考或欣赏的，因此可以在超市中买到。

学院派建筑的正统，是自大学的建筑学院到美国建筑师学会，代表了当代建筑的发展方向。他们一方面训练出专业建筑师，把学院的价值推广开来，成为当代建筑的主流；一方面鼓励创新，对美术的前卫精神大加鼓励。而有机会表现强烈艺术风格的建筑师，又成为后辈的模仿对象，并形成风潮。全国及各地的建筑师学会以颁奖的方式肯定具有领导地位的建筑师，并向大众推荐。但是直到今天，大众对于建筑界搞的名堂仍然是一头雾水。建筑界的专业杂志是圈子内的刊物，是行内价值观塑造的工具，行外的大众既少关注，也不在意圈子内的动作。只有非常高雅又多金的人才会聘请高档的建筑师设计住宅。"正派"的建筑师通常称具有大众性的建筑师为商业建筑师。

这样说来，学院派建筑是否可能走上雅俗共赏一途呢？我认为在我们一念之间。美国的大众性建筑刊物并不排斥当代建筑，他们把现代建筑以后的语汇视为一种式样，供大众挑选。由于时代的变迁，美国人完全可以接受现代语汇，只是他们要应用在生活的需要与美感的满足上面，而不是为现代而现代，为艺术而前卫。不但大众性建筑是如此，学院派建筑也向大众移动，明显的例子是南加州建筑近年来独领风骚。在本质上，南加州是大众文化的生产地。这就是美国东部，甚至加州北部在过去看不起洛杉矶的原因。但是时代的潮流是向大众化流动的，甚至半贵族的代议政治式的民主，渐渐要为加州公投式的全民民主所取代，大众的好恶，也就是中国自古以来"民之所好好之，民之所恶恶之"的观念，逐渐成为主流。所以前卫建筑在南加州也向大众移动，不能不走哗众取宠这条路了。老实说，后现代的象征主义建筑理论，是不是也以象征为借口，满足大众熟悉的美感需求呢？

古埃尔公园，高迪设计

　　年轻的朋友，如果你顺着这个思路想下去，就会知道建筑的社会责任就是在满足大众的期待中，提升大众的精神生活品质。那么我们就要深究，大众的期待是什么？怎样去寻找有格调的大众需求？我觉得建筑的学者们在学术研究课题上没有向这个方向发展是很可惜的，也令我十分不解。过去二十年来我一直在想这个问题，却因工作转移为行政管理而没有机会深入研究。而我看到年轻学者们却向象牙塔中寻求建筑的奥秘。建筑既是一种应用科学，一种艺术，钻牛角尖只能使建筑成为少数人能理解的东西，有什么意义呢？高深科学的钻研，可以发现宇宙的奥秘，建筑的奥秘在人心的感应，钻研理论是没有意义的。

"情境主义"是我思考此问题的一点收获，我把它发表在《台湾建筑》杂志上。文明社会的民众脑海中累积了很多环境与形象的美好记忆，尤其是一个社会的共同记忆，常常是民众对建筑环境美感的基点。我把这种记忆称为情境，因为它是可以引发感情的造境。这类记忆有多种来源：

其一为群居文化中具有代表性的景象。在我们一生中，经历过各种不同的空间经验，有些是令人难忘的，就记在脑海中。在过去，交通不便，人民的空间记忆限于传统地方村镇，所以共同记忆的范围比较狭窄。到今天，国内外之旅行已成为国民生活的一部分，空间经验已经大大扩展，全世界各个文明中的动人空间都成为我们的记忆，甚至是共同的记忆。

其次是文学中的情境。在文学作品，尤其是中国诗词中，文学家常常会创造出一些景象来激发我们的情怀。这些景象并不明确，然而经过想象力的补充，却成为有感情力量的造境。当我们以某种方式重现此一景象时，就会获得大众的共鸣。越是为大众所熟知的作品，越有此一感染力。

在今天的多样媒体的社会中，累积空间记忆的管道也是多方面的，从传统的艺术形式到电影、电视，都可能充实大众记忆中的储藏。情境在大家的脑海中，并非相片一样明确，因此是一种抽象的概念，可以用各种方式再现，都可以唤起记忆，产生共鸣。比如"小桥、流水、人家"，就是一种可以创造无数变化可能性的情境。

主张情境重建并不是以重建记忆来代替创造，而是把共同记忆融入创造之中。这是引起大众共鸣的方法之一。年轻的朋友，你并不一定接受我的看法。你尚年轻，情境记忆的积累不多，不容易使用这个办法。但是我希望你能了解，成功的建筑师应为大众所拥戴。我曾经说过，最令我感动的建筑师是西班牙的高迪（Gaudi）。他的建筑是为大众的欢乐而设计的，因此他去世时，成千上万的巴塞罗那市民为他送葬。我看了他的作品，觉得他的心中有爱，有对大众的关爱。无时无刻不矗立在大众面前的建筑，它的创造者心中没有大众是不可以的。

建筑这个行业

人生本来就是一出难以推测的戏剧，你要学着勇敢地做梦，但却豁达地接受一切遭遇。如有这样的态度，你会觉得建筑仍然是很好的行业，它使你睁开眼睛，看到这个世界的美丽，它使你知道怎么享受精神生活，悠游人生。

年轻朋友，我知道你希望我谈谈自己的从业经验。你眼看就要毕业了，马上要面对就业的问题，思考如何开创自己的事业。这确实是一个重要的门槛。我很少谈自己的经验，实在因为我不是一个典型的建筑师，不值得你参考。可是转而一想，经验就是经验，说出来，有无参考价值由你自行决定吧！

要在建筑师这行业里成功，必须具备很多条件。首要的条件就是有结交朋友的天性与推销自己的能力。道理是很简单的。建筑是一种以创造的能力服务社会的行业。要怎样让他人知道你是有创造力，又值得信赖的人，这是非常重要的第一步。所以建筑师必须同时具备艺术家与商人的性格。可惜的是这两种性格极少在同一人身上出现。在我出国读书到回国教书的几十年间，看过不少有天才的同学与学生，却大多终生默默无闻地消失了，主要是因为具有艺术家气质的人大多缺少经商的才能。世上成千上万平庸的建筑物，大多出于商人建筑师之手。这些建筑师都是商人，建筑只是他们谋生的工具而已。他们的事务所雇用了数十、数百建筑师默默地工作，只是世上千百种行业中的一个不容易赚钱的行业。

我在成功大学做学生的时候，丝毫没想到这一层，以为建筑是比较容易谋生的技术。当时我很穷，二年级就想找工作。教我设计的方汝镇先生正为一有钱人设计住宅，就用我当监工，工资刚好够我买一辆旧脚踏车，监工是实习建筑构造课所学，很有帮助。有一次业主夫妇来到工地察看。看上去他们是留学回来的、有身份地位的人。夫人很亲切地问我在建筑系学些什么。我随口说了几门如建筑设计、建筑构造、材料力学等，她说，没有学口才与说服吗？我愣了一下，脸红着说没有。她接着说，要事业成功，能说服别人的技巧才是最重要的。

这句轻描淡写的话对于当时正捧读《时空与建筑》的我来说，没有发生什么作用。可是日后回想起来，确实语重心长。其实她的这句话包含的意思不只是表达的技巧，还有建立人际关系的能力在内。而这一点正是我最弱的一环。所以在我毕业之后，虽考取了建筑师的执照，却没有一丝一毫想做开业建筑师的打算。

毕业了，做什么事呢？金长铭教授介绍我去台湾中油公司的营建单位工作，黄宝瑜先生介绍我去公共工程局当助理工程师，我自己很想留校做助教。我推掉前面两个工作机会，到杨卓成建筑师事务所实习，就是等待助教的机会。事实上，学建筑如不改行，有三条路走，其一是做开业建筑师，其二是做建筑官，其三就是留在学校教书。

在建筑业不发达的时代，建筑官是一条坦途。与我同时的同学如黄南渊、林将财，及稍晚的张隆盛进入公共工程局，都做了高官，对社会相当有贡献。可惜在当时，我觉得自己不是做公务员的料。我个性内向，不善交际，又不会奉承，只有留在学校，把建筑当书读。所以我在杨卓成那里接到胡兆辉先生的电话，说我可以回学校为他做助教，非常高兴，立刻收拾行囊，回到台南。杨先生很器重我，希望我为他做事，我感激不尽，但对画图工作实在没有多大兴趣。

助教没有多少工作，有空读些没有读完的书，在实务上也有练习的机会。教授们偶有业务，可以帮忙画图，甚至做设计。我为叶树源教授画过台中市台湾银行大楼的施工图。赶图时气氛很轻松，晚上一起去吃广东烩饭。贺陈词先生也找我画些图，还帮忙监造图书馆的施工。

东海大学成立建筑系的第二年，我去担任讲师。教书、写文章之余也有机会与闻实务。我为陈其宽先生负责一个高雄平民住宅计划，利用双曲面做帐幕式屋顶，自己很得意，还刊登在杂志上，哪知后来结构出了问题，弄得大家都不好意思。营造厂没法改善，只能勉强居住。自此我学到不能做没有把握的事。

我正式开业是在留学回国之后的 1967 年秋，已是考取执照九年多之后的事了。回国是接东海大学建筑系主任，并不是为了开业。以我的个性如何有机会开业？原打算做几年系主任，在学术上建立相当的地位后，如有人慕名，弄几个小业务做做，再正式开业。可是我在美国结了婚，结婚的对象是哈佛大学福格美术馆中威德纳图书室的秘书。她的父亲是台湾土地银行的董事长。在美国时，她的父亲是谁无关紧要，但回到当时的台湾，这就很有关系了。

坦白说，以当时的政治情况，我要利用这个关系，可以大有发展。可是我是书呆子，很不乐意提这层关系。岳父大人一定要我开业，也以为我可以有所作为。哪知道我的事务所门是开了，除了为他及他的朋友设计住宅之外，没有事情做。因为关系要加以利用才有用，不利用等于把资源浪费了。

我虽然沾岳父的光开了事务所，但真正做得有些味道还是靠我在学校里的成就。教了两年书，正考虑是否应回到美国，天上忽然掉下来一个机会，"青年救国团"台中市团委会总干事王生年到东海大学看我，他说总团部宋时选执行长原想亲自来，因一时无法分身，派他来拜托我设计台中青年育乐中心。他已经请人设计完成，但总不满意。宋先生头脑开明，希望由年轻的建筑学家创造新鲜的建筑。

得到这个机会，我做了一个模型，立刻得到王总干事的激赏，自此开始了我与"救国团"之间近二十年的合作关系。我一生中主要的作品是为"救国团"设计了五个青年活动中心、两个育乐中心、两座山庄和两个联谊社。

这种长期关系的建立主要靠"救国团"前后两位执行长及主任对我的赏识与信赖。建筑师与业主正常关系的三部曲就是从相知，到赏识，到信赖，缺一不可。三者加起来就是古人所说的"知遇"。第一步是机缘。两者相知与男女相遇一样，只有"缘分"二字可以解释。社会之大，人群之众，你如果不忮不求，不事世俗之钻营，遇到一位可以提携你的业主有多困难？见到面就是五百年修来的缘分。

相遇并不能发生进一步的关系，相遇而能互相欣赏才能有心灵的接触。在建筑师与业主的关系上，主要是业主对建筑师的赏识，也就是欣赏与了解。不一定是对作品，也可以对人格，到了这种关系仍不能有实际的行动，直到通过互相欣赏与了解而产生信赖，男女之间才能谈婚论嫁，建筑师与业主间才能有委任的关系。信赖之产生是很不容易的，女孩子要以身相许，业主要把一生积蓄供建筑师建屋，有时候，这都是一生中仅有的机会。

年轻时，业主提醒我要学的口才与表达能力，实际上是得到赏识与信赖的不二法门。只是在西洋，这是在寻求业务上自我推销的本领，在东方，得到业主的知遇可以不必如此直接。如果一定要这样，我的一生就没有机会了，因为我从不求人。所幸在中国社会，心灵的沟通不一定靠语言，尤其不必靠直接的语言。

1977年夏天，我去美国看望在洛杉矶暂住的妻子，在内弟家与几位建筑界的年轻朋友聊天，聊起我正在研究的风水，当时李祖原也在座。谈了一半，适有内弟的一位朋友来访，顺便也听了我的谬论。这位朋友就是后来执掌联合报财务的王必立，当时他在加州历练。他只讲了一句话就辞去，却因此成为我的建筑业务继"救国团"之后的主要赞助者。他回台湾担任总经理后，就引荐我拜见王惕吾先生，委托我设计联合报的第二大楼。王老先生的话我只能听懂一半，可是在建筑上对我几乎言听计从，是最理想的业主。南园就是在这样融洽的关系上建立起来的。

我在三十几年的建筑实务中，遇到一些信赖我的业主，每一笔都记在我的心里，永不忘怀。因为这样的知遇是不容易的。在这三十几年间，我是一个高傲的建筑师，业主欣赏我、尊重我，我对他们并没有任何回报。建筑师无权无势，能回报他们什么？我传承了古代读书人的风骨，过年过节从来不送礼，连电话问候也没有。在中国重人情的社会里，他们能容忍我，我感激不尽。

可是我希望建筑界，特别是青年建筑师的事业，建立在前面提到的三部曲上。这是全世界都适用的健康的模式。

不分中外，建筑师都会依靠关系迅速得到业主的信赖。这就是有影响力的父亲或近亲对建筑业务大有帮助的原因。可是关系会扭曲对建筑的评价。有了牢固的关系，即使没有建筑的才能也有机会成为业务繁忙的建筑师。关系好，自己才能不足的建筑师，永远可以雇用没有关系却大有才能的建筑师为他效劳。这是建筑界最不能忍受的不平，然而这是残酷的现实，学建筑的人都应该了解这是这一行业的生态。

对于没有关系的年轻建筑师，如果有成功的野心，还有一条路走，就是把建筑服务当成商业。建筑服务原是知识分子的事业，与医生、律师一样，是以专业服务营生计，才需要建立互信的关系。这种关系在商业挂帅的当今社会已经不受重视了。所以聪明的建筑师就顺理成章地把事务所当商业经营。

一旦商业化，问题就迎刃而解了。做生意要拉生意是理所当然的。拉生意可以使用手段，甚至可以不择手段。因此各种方法都出笼了。生意人送红包、谈回扣、上酒家，在生意场上求生存，无所不用其极地贿赂掌权的人，已经被视为当然。因为在缺乏心灵接触的商界，这是唯一的通路。

拉生意可以用商界的手段，建筑师可以同样向下游的营造业要求回馈。把设计费送了礼，就要从营造商那里收回来，对商业建筑师而言，这是当然的。"羊毛出在羊身上"是做生意的基本道理。我们买法国的拉法耶护卫舰，花了相当于舰只的价钱去打通关节，所以比新加坡买到的贵了一倍。做生意要讲究一本万利，最好赚的钱就是促成生意的介绍费。建筑师花了几年时间，耗尽心力建造完成的大楼，不过收百分之四五的费用，扣除成本，还要回扣，所剩无几。可是中介公司卖掉大楼不过逞口舌之才，就收百分之五，成本极少，没有回扣。商业建筑师善用这个道理，就无处不是财源了。

对商业建筑师来说，取得业务的三部曲是相识、谈判、交易。建筑的委托是一个交易。因此建筑师公会定好的设计费只供参考，是可以讲价，甚至比价的。对习惯于西方建筑界作业方式的人来说，真可以说是斯文扫地了。然而这就是大多数建筑师的生存之道。

年轻朋友，你们今天面对的可能是另一个问题。台湾社会近年来在政治上的发展是防止弊端，一切决策向公平化、透明化的方向迈进。这个大方向对建筑界形成极显著的影响，就是建筑的委托一定要经过比图。偶尔除了父母、近亲的关系在私人的工程上仍然可通过关系外，取得业务非经过比图不可。这是好消息还是坏消息？

自好的一面看，这是透明化的步骤，使得天才的建筑师可以在没有关系的情形下得到表现的机会。问题是，建筑并不是一个单纯的问题，并没有单一的品评标准。单纯的比图过程并不能得到公平的结果。如果你是一个认真的建筑师，会在比图中花上极大的心力，多方面思考，希望得到评审者的青睐。可是评审的过程极少有机会深入了解设计的内涵，只能在短短的几个小时内，以表现的技术、建筑的造型、个人的偏好做出选择。然后几个评审人员的意见平均得到比图结果。所以比图在建筑师的选拔上，只有程序上的正义，并不能保证真正的公平，也不能选出最优秀、最适当的作品。平凡的作品反而容易入选。

因此参加比图与买彩票没有太大的差别，只是机会较大而已。但是要注意，有些公家机关的比图是事先安排的，参加比图前，事前要先了解是不是被"设计"了。据说按照政府采购法办理比图的案例中，有八九成是事先安排的。

即使程序上完全公平，比图制度至少有两大缺点。首先是使建筑师疲于奔命。比图是很辛苦的，每天忙于比图，固然是在期待机会来临，但所浪费的人力与物力，社会成本十分可观。这样反而使得已得到的计划缺少人力，品质受到影响。第二个缺点是使成熟的建筑师失掉了进一步发展的机会。已经相当成功的建筑师没有多余的时间去参加比图，会减少产生重要作品的机会，对社会来说也是一大损失。这个古老的行业以及它的证照制度，在时代急剧变迁的今天，实在有些落伍了。何况在台湾，现行制度是自西方学来的，本来就不太合乎台湾的本土情况。如何把建筑师这一行合理化，我在三十年前就曾写文章讨论过了。只是大家已经习惯了今天的制度，不免抱残守缺。外力要改革，建筑师公会的态度就是维护既得利益。这样下去早晚有一天，会遭遇到严峻的挑战。

年轻的朋友，你听到这里是不是感到沮丧呢？不用怕，你要相信机运与努力总有一天会成全你的梦想。人生本来就是一出难以推测的戏剧，你要学着勇敢地做梦，但却豁达地接受一切遭遇。如有这样的态度，你会觉得建筑仍然是很好的行业，它使你睁开眼睛，看到这个世界的美丽，它使你知道怎么享受精神生活，悠游人生。

年轻朋友，如何改造这个行业，使有能力者可以出头，建筑的天才可以得到伸展自如，整体环境的水准得以大幅提高，还要靠你们的努力。建筑是一种职业，但是它永远是筑梦者的乐园，希望你为实现你的梦想不断地奋斗。